【现代种植业实用技术系列】

梨
绿色优质高效栽培技术

主　　编　高正辉
副 主 编　齐永杰　马　娜
编写人员　赵宏远　张晓玲　崔广胜　朱海燕
　　　　　李明刚　杨　雪　柯凡君　雷　波
　　　　　王学良　李建东　田　娟　陈怀韦
　　　　　杨星梅　高怀军　高文欣　阚丽平
　　　　　查紫仙

APGTIME 时代出版
时代出版传媒股份有限公司
安徽科学技术出版社

图书在版编目(CIP)数据

梨绿色优质高效栽培技术 / 高正辉主编. --合肥：安徽科学技术出版社，2023.12

助力乡村振兴出版计划. 现代种植业实用技术系列

ISBN 978-7-5337-8839-1

Ⅰ.①梨… Ⅱ.①高… Ⅲ.①梨-果树园艺-无污染技术 Ⅳ.①S661.2

中国国家版本馆 CIP 数据核字(2023)第 210852 号

梨绿色优质高效栽培技术 主编 高正辉

出 版 人：王筱文 选题策划：丁凌云 蒋贤骏 王筱文 责任编辑：吴 夙
责任校对：廖小青 责任印制：李伦洲 装帧设计：王 艳
出版发行：安徽科学技术出版社 http://www.ahstp.net
(合肥市政务文化新区翡翠路 1118 号出版传媒广场，邮编：230071)
电话：(0551)63533330
印 制：安徽联众印刷有限公司 电话：(0551)65661327
(如发现印装质量问题，影响阅读，请与印刷厂商联系调换)

开本：720×1010 1/16 印张：9 字数：125 千
版次：2023 年 12 月第 1 版 印次：2023 年 12 月第 1 次印刷

ISBN 978-7-5337-8839-1 定价：39.00 元

出版说明

“助力乡村振兴出版计划”(以下简称“本计划”)以习近平新时代中国特色社会主义思想为指导，是在全国脱贫攻坚目标任务完成并向全面推进乡村振兴转进的重要历史时刻，由中共安徽省委宣传部主持实施的一项重点出版项目。

本计划以服务乡村振兴事业为出版定位，围绕乡村产业振兴、人才振兴、文化振兴、生态振兴和组织振兴展开，由《现代种植业实用技术》《现代养殖业实用技术》《新型农民职业技能提升》《现代农业科技与管理》《现代乡村社会治理》五个子系列组成，主要内容涵盖特色养殖业和疾病防控技术、特色种植业及病虫害绿色防控技术、集体经济发展、休闲农业和乡村旅游融合发展、新型农业经营主体培育、农村环境生态化治理、农村基层党建等。选题组织力求满足乡村振兴实务需求，编写内容努力做到通俗易懂。

本计划的呈现形式是以图书为主的融媒体出版物。图书的主要读者对象是新型农民、县乡村基层干部、“三农”工作者。为扩大传播面、提高传播效率，与图书出版同步，配套制作了部分精品音视频，在每册图书封底放置二维码，供扫码使用，以适应广大农民朋友的移动阅读需求。

本计划的编写和出版，代表了当前农业科研成果转化和普及的新进展，凝聚了乡村社会治理研究者和实务者的集体智慧，在此谨向有关单位和个人致以衷心的感谢！

虽然我们始终秉持高水平策划、高质量编写的精品出版理念，但因水平所限仍会有诸多不足和错漏之处，敬请广大读者提出宝贵意见和建议，以便修订再版时改正。

本册编写说明

梨是蔷薇科梨属多年生落叶果树，乔木，适应性强，对土壤及环境要求不高，在全球都有广泛的分布。梨不仅味美多汁、营养丰富，更有止咳、通便秘、利消化的功效，具有极高的食用和药用价值。在我国，梨被誉为“百果之宗”，其种植面积和产量长期稳居世界首位，在国内梨产业是仅次于柑橘和苹果的第三大水果产业。安徽省位于中国东南部，地形地貌呈现多样性，既有山地、丘陵，又有台地、平原，长江和淮河自西向东横贯全境。梨树水土适应较广，对自然环境适应性强，耐涝抗逆能力也较强，不论山地、平地，沙土、黏土均可栽植。因此，梨树是安徽省栽培广泛、历史悠久的果树之一，鲜梨产量较大，品种繁多。随着人们生活水平的不断提高，梨果消费越来越受人们青睐。

本书根据当前梨生产要求的变化，针对新建梨园不规范、品种引用盲目、管理用工多、机械化水平低、化肥农药投入多，难以做到规范化、标准化、机械化生产，造成了梨园生产费工费力、效益不高等问题，在总结近些年来梨绿色优质高效栽培技术研究成果和生产作业的基础上，系统地介绍了梨建园与品种选择、低效梨园改造、绿色轻简高效栽培、病虫鸟害绿色防控等新技术。本书为实现梨生产新“三品一标”，即品种培优、品质提升、品牌打造、标准化生产，减少化学农药用量，提高机械化率、资源利用率、梨栽培效益提供实用技术指导。

目　　录

第一章 概 要

第一节 生产现状和栽培简史

一 生产现状

梨作为世界重要果树之一，在各大洲均有分布，其中以亚洲、欧洲产量居多。栽培品种可简单分为两大类，即西洋梨与东方梨。西洋梨刚采收时果肉坚硬，不能食用，须待后熟变软才能食用，又称“软肉型”；东方梨大部分品种果肉松脆，又称“脆肉型”。欧美等国家均栽培“西洋梨”；我国及日本、韩国则以栽培“东方梨”为主，主要种类有白梨、砂梨、秋子梨等。

我国是世界第一产梨大国，栽培面积和产量均稳居世界首位。梨树是我国三大果树之一，20 世纪 50 年代，我国梨的栽培面积和产量均大于苹果，在水果生产中仅次于柑橘而居第 2 位。目前，我国梨栽培面积和产量居苹果和柑橘之后，处于第 3 位。全国除海南省以外，各省、自治区、直辖市均有梨树栽培，栽培总面积 1400 多万亩（1 亩约是 666.67 平方米）。安徽省现有梨栽培面积 70 多万亩，其中砀山酥梨面积最大，30 多万亩，是安徽省重要栽培梨品种，是主产区农民增收重要产业。

二 栽培简史

梨是蔷薇科苹果亚科梨属植物。世界上梨的栽培品种有 8000 余种，主要分属于西洋梨、秋子梨、白梨和砂梨4类。有资料表明，属于西洋梨的品种在5000种以上；起源于我国的梨品种有3000种之多，其中属于白梨和砂梨系统的品种均在1000种以上，属于秋子梨系统的品种有300种左右。但世界上主要栽培的品种仅有200种，我国的主栽品种有100多个。我国是梨的原产地之一，经济栽培已有3000余年的历史。据《史记》记载，公元前黄河流域已有大面积栽培，而且已有"大如拳、甘如蜜、脆如菱"的优良品种；《广志》《三秦记》《洛阳花木记》等古书中也记载了许多梨品种，如红梨、白梨等，沿用至今。

第二节　价值和效益

一 营养与药用价值

1.营养价值

梨的果实通常用来食用，不仅味美汁多，甜中带酸，而且营养丰富。梨果实除含糖和有机酸外，还含有果胶、蛋白质、脂肪、钙、铁、磷及多种维生素。据测定，梨果实中除含有80%的水分以外，每100克新鲜果肉中含蛋白质0.1~0.28克，脂肪0.1克，总糖8~9克，酸0.26克，粗纤维1.3克，钙7.2毫克，磷6毫克，铁0.2毫克，烟酸0.2毫克，抗坏血酸3毫克，胡萝卜素、维生素B_1、维生素B_2各0.01毫克；梨中还含有8种人体必需的氨基酸。梨果既可生食，也可蒸煮后食用。据《本草通玄》记载，梨"生者清六腑之热，熟者滋五脏之阴"。梨还可加工制作梨膏、梨汁、梨干、梨脯、罐头等。

2.药用价值

梨的药用价值也受到人们的重视，中医认为，梨的果实、果皮以及根、皮、枝、叶均可入药。性凉味甘微酸，入肺、胃经，能生津润燥，清热化痰。主治热病伤津、热咳烦渴、惊狂、噎嗝、便秘等症,并可帮助消化、止咳化痰、滋阴润肺、解疮。对患感冒、咳嗽、急慢性气管炎患者有效。梨还有降低血压、养阴清热、镇静等药用功效,对治疗高血压、心脏病、口渴便秘、头晕目眩、失眠多梦等病症有良好的辅助作用。

二 经济价值

梨树除了有生产水果食用以外,还有休闲观赏、木材加工等用途。梨树对土壤的适应能力很强,无论是山地、丘陵、洼地,还是沙荒、盐碱地和红壤,均能生长结果,且在一般栽培管理条件下,即可获得高产。梨树寿命长,经济利用年限长。安徽省南北各地梨产区,100~150年生的梨树很多,200~300年生的梨树也屡见不鲜。这些百年以上的大树,仍枝叶繁茂,且结果累累,有的单株产量可达800~1000千克。梨树木质坚硬,纹理细密,可供雕刻、制作面板等;修剪下来的枝条,粉碎后可作为食用菌栽培的配料、加工板材原料和覆盖果园等。

三 生态效益与社会效益

梨树栽培有水土保持、防风固沙、荒山利用、绿化美化等功能。如安徽省砀山人民充分利用砀山酥梨这一难得的自然资源,努力创造条件种植砀山酥梨等果树、林木,使全县以砀山酥梨为主的绿色覆盖率提高,有效地防止了水土流失和风沙,改善了生态环境。

因此,充分利用当地土地资源,因地制宜发展梨树栽培,对乡村振兴产业发展,增加农民收益,具有重大意义。

第二章　生物学特性

第一节　生 长 特 性

一　根系生长

一般梨树的垂直根可达2~3米，但其吸收根群主要集中分布在距地表30~60厘米的土层中；水平根的延伸长度可达树冠的4~5倍，以树冠范围内最为集中。在年生长周期中，梨的根系有2次生长高峰。早春时期根系在萌芽前开始生长，到新梢停长后达到高峰；采收后再次转入旺盛生长，达到第2次高峰，直至落叶后，根系生长逐渐停止，进入冬季休眠。影响根系生长活动的主要外界因素是土壤养分、温度、水分和空气等。相对地上部枝、叶，根的生长发育时间较长，芽萌动前开始活动，落叶后还可生长10~15天。通常年份当土壤温度达0.5℃时即开始活动，6~7℃时生长明显，根系生长最适宜的温度为13~27℃；超过30℃时生长不良，甚至死亡。梨树根系有明显的趋肥性，给土壤施肥可以有效地诱导根系向纵深和水平方向扩展，促进根系的生长发育。

二　枝生长

枝伸长生长是由顶端细胞分裂和细胞纵向延伸实现的。芽萌发后顶端细胞加速分裂，一些细胞进一步分化成表皮、皮层、初生木质部和髓部组织。由于此时叶片也在生长，枝的生长主要靠树体内贮藏的营养，因此伸长缓慢。随着叶片的形成，叶片制造的养分供给新梢生长，顶端细胞继续分裂分化，伸长生长明显加快，新梢进入旺盛生长阶段，以后逐渐变慢，直至停止生长。梨新梢旺盛生长期一般在春季 3 月下旬至 5 月上旬，到 6 月中下旬基本停止生长。新梢长度取决于生长时间的长短，短枝常生长 7~10 天即开始形成顶芽，而长枝一般生长 70 天左右才会停止生长。营养状况好、水分充足、温度适宜则有利于枝条的伸长生长。枝条加粗生长是由形成层细胞分裂分化实现的。新梢加粗生长与伸长生长同时进行，但加粗生长较伸长生长停止晚。加粗生长受树体营养状况影响很大，营养状况不良，直接影响加粗生长，形成的新梢细弱。

第二节　结果习性和生命周期

一 结果习性

一般来讲，砂梨系统的品种在定植后 3 年即开始结果，3~6 年为初果期，7~10 年进入盛果初期；白梨和西洋梨需要 3~4 年，秋子梨要在 5 年以上开始结果。梨树的结果寿命较长。

大多数梨树具有芽萌发力强和成枝力弱的特点，多以短果枝结果；结果枝结果后，逐渐转变为以短果枝群结果为主。梨有一定比例的腋花芽结果。梨一年生枝中、下部的芽大多可以发育成短枝。一般短枝有 4~7 片叶，成花率较高，坐果率高，果个大，果实品质好；3 片左右叶的短枝成花率较低，并且坐果少，品质差。

梨开花适宜温度为 15℃以上，授粉受精适宜温度为 24℃左右。花期因地域、种类的不同而有差异，一般秋子梨开花最早，白梨次之，砂梨再次之，西洋梨最晚。东方梨的绝大部分品种不能自花结实。当授粉品种的花粉粒落在被授粉品种的柱头上时，大约30分钟后，即开始萌发长出花粉管，一般2小时后花粉管进入花柱，2~3天到达花柱基部，3~5天完成受精过程。只有完成受精过程的花才有可能坐果，影响坐果和果实发育的因素有温度、水肥、光照及管理水平等。

梨的果实是由下位子房和花托共同发育而成的，整个生长发育期分为3个阶段，即第1迅速生长期、缓慢生长期和第2迅速生长期。果实大小由细胞的多少和大小决定。梨果发育初期，纵径伸长快，其后横径伸长转快。

二 生命周期

梨树苗或从嫁接成活开始，经历的生长、结果、衰老、更新、死亡的过程即为梨树的生命周期。根据梨树的生长发育特点，梨树生命周期分为生长期（幼树期）、结果期、盛果期、盛果后期和衰老期5个过程。从梨树苗木定植或嫁接到开始结果为生长期，一般需要2~5年。从开始结果到大量结果前这段时期为结果期，一般需2~3年。梨树的大量结果期为盛果期，一般在30年左右。盛果后期及衰老期是梨树体进一步衰退的时期。梨树产量逐年下降，新梢生长量减少、生长势转为缓和，多年生结果枝组逐年衰弱并有部分枯死现象，树体的抗逆性也显著减弱。

第三节 主要物候期

梨的物候期依地区、气候、品种、立地条件等有差异。

一 萌芽

一般从3月上中旬开始，梨树的芽体开始膨大。受气候影响，花芽从开始膨大到现蕾需要45~55天；始花时到叶芽开始分离，一般要晚12天

左右。花芽量比叶芽量相对较大的单株新梢抽生时间晚 3~5 天。

二 开花

梨开花的早晚及花期长短，因品种、气候、土壤、管理不同而异，但不同年份、不同品种的花期早晚仍相对一致。梨开花须在 10℃以上。从现蕾到初花正常年份需要 11~13 天。影响花期的主要因素是温度（积温），温度制约着花期的早晚和花期的长短。

三 坐果与生理落果

梨树大部分品种自花不实，需要不同品种授粉坐果。梨的落花落果是一种正常的自疏现象，在年周期中一般有 3 次生理落果。

四 果实膨大及成熟

一般梨在生理落果结束，果实生长，进入膨大期。早中熟梨 6 月上旬、晚熟梨 7 月上中旬果实开始进入膨大期。从 7 月上中旬至 9 月下旬果实进入成熟期。

五 落叶、休眠期

一般均在 10 月末开始落叶。当平均温度为 14℃左右时，叶片进入衰老阶段，叶柄形成离层而脱落。一般 12 月上旬，梨树进入冬季休眠。

第四节 对环境条件的要求

一 温度

梨是喜温树种，不同种喜温程度不同。从栽培实际情况看，白梨对温度适应范围广，大致为年平均气温8.5~14℃；砂梨则宜在气温高的地区栽培，以15~23℃为宜。不同种耐低温能力不同，一般原产中国东北部的秋子梨极耐寒，野生种可耐-52℃低温，栽培种可耐-35~-30℃；白梨可耐-25~-23℃；砂梨及西洋梨可耐-20℃左右。日均气温达到5℃时，花芽萌动，开花要求10℃以上的气温，14℃以上时开花较快。花粉发芽要求10℃以上的气温，24℃左右时花粉管伸长最快，4~5℃时花粉管即受冻。一般花蕾期冻害危险温度为-2.2℃，开花期为-1.7℃，有人认为-3~-1℃花器就可遭受不同程度的伤害。枝叶旺盛生长要在日均气温大于15℃。花芽分化，日均气温20℃以上为宜。

二 光照

梨属于喜光果树类。光照强度对果实着色有明显的影响，一般需要年日照时数在1600~1700小时。当受光量是自然光量的60%以上时，果实产量和质量最好。梨园通风透光，梨花芽分化良好，坐果率高，品质优良，并有利于着色品种的着色。另外，光照充足还能使梨果皮蜡质发达和角质层增厚，果面具光泽。

三 土壤

土壤是梨树所需营养物质的主要供给源。梨树对土壤要求不高，沙土、壤土、黏土均能生长。梨树对土壤肥力的要求是营养全面而且均衡，应富含有机质和氮、磷、钾、钙、镁、铁、锌等元素。一般认为，保持梨园田间持水量的60%~80%时，根系可良好生长。

土壤温度是影响果树生长发育重要的环境条件之一。在较高土壤温度下，根的膜透性和物质运输加强，水黏滞性减少，土壤元素的移动增强；低温条件下，则相反。在早春深层的土温较高，根系活动较早；在温度较高的7~8月，各土层的根系均进入缓慢生长，生长衰弱的树几乎停止生长；晚秋深层的土温下降慢，其深层根系停长较晚。梨树对土壤pH的适应范围较广，在pH为5.5~8.5的土壤中均能生长。优质丰产的梨园，

pH以 6.0~7.5 为宜，有利于土壤微生物的活动和根系对多种矿质元素的吸收。

四 水分

水是梨树生命物质的重要组成部分，对梨树生命活动起着决定性作用。

秋子梨最耐旱，西洋梨、白梨次之，砂梨对水分的要求较高。

在一年中不同时期，梨树需水并不均衡。水分供应不足或过多，都会严重影响梨树的营养生长和生殖生长。休眠期代谢活动很弱，需水量较少，但是水分供应不足，常使萌芽延迟或萌芽不整齐。开花坐果期对水分最敏感，水分太少，会缩短花期，影响授粉受精，坐果率明显降低；花期前适当灌水，可延迟花期，有效预防花期冻害，提高坐果率；花期雨水太多，因受冲刷而减少柱头分泌物，影响授粉受精。新梢迅速生长和果实迅速膨大期需水量多，新梢生长期水分不足，常使梨树枝条短弱或过早停止生长，叶片小并易脱落；水分过多，树体枝叶生长过旺，组织不充实，养分贮藏量偏低。生理落果期，水分供给正常，能减少生理落果，促进果实细胞分裂和细胞膨大，增加产量；果实近成熟期，适度控水，可有效提高果实品质，水分严重不足，会引起果实糠化。生育期水分状况直接影响梨树花芽分化和当年产量。

第三章 品 种

第一节 早熟品种

一 翠冠

翠冠(原名 8–2)是浙江省农业科学院园艺研究所与杭州市果树研究所合作,以幸水×(新世纪×杭青)杂交选育而成,属砂梨系,落叶乔木。果实近圆形,果形指数平均 0.96,黄绿色,果肉雪白色,肉质细嫩、多汁,核小、化渣,石细胞极少,味浓甜,可溶性固形物含量 12%~14%,品质上等,平均单果重约 230 克,最大果重可达 500 克,果实可食率 96%,7 月上中旬上市,果实生育期 110 天,江淮地区 7 月中下旬成熟。

二 翠玉

翠玉(原名 5–18)是浙江省农业科学院园艺研究所 1995 年以西子绿为母本,翠冠为父本杂交选育出的特早熟梨新品种。2011 年 12 月通过了浙江省非主要农作物品种审定委员会的品种认定,并定名为翠玉梨。落叶乔木,果实圆形,果形端正,果形指数平均 0.89,单果重 230 克左右。果顶稍平,果皮浅绿色,果面光洁具蜡质,果锈少,果点极小,萼片脱落,果梗粗短。果肉白色,肉质细嫩,化渣,汁多,口感脆甜,石细胞少,果心极小,可食率 85%,可溶性固形物含量 11.5%左右。该品种树姿较开张,花芽极易形成，以中、短果枝结果为主。在江淮地区，翠玉果实成熟期在7月上旬，比翠冠早7天左右，丰产性好。见图1。

图1 “翠玉”结果状

三 苏翠1号

苏翠1号是江苏省农业科学院园艺研究所以华酥×翠冠于2003年杂交选育而成的，为早熟梨品种。果实卵圆形，平均单果重约260克。果面平滑，蜡质多，果皮黄绿色，果锈极少或无，果点小而稀疏。梗洼中等深度。果心小，果肉白色，肉质细脆，石细胞极少或无，汁液多，味甜。果实生育期约105天。树姿较开张，叶片长椭圆形，每花序5~7朵花，花粉量多。栽培时防止树势早衰，易感褐斑病，注意果园排水，改善树体通风透光，加强

图2 “苏翠1号”结果状

病害防治。见图 2。

四 幸水

幸水为日本静冈园艺试验场选育，亲本为菊水和早生幸藏。果实扁圆形，平均单果重约 165 克，大果可达 330 克；果皮黄褐色，果面稍粗糙，果点中大而多；果肉白色，质细嫩，稍软，汁特多，石细胞少，味浓甜有香气；可溶性固形物含量11%~14%。较丰产、稳产。果实要达到一定成熟度时才可采收，常温下不耐贮藏，要及时销售或采用冷藏延长供货期。树势强，萌芽力中等，成枝力弱。重视生长期修剪，结果枝组更新快，可充分利用腋花芽结果。

五 西子绿

西子绿为原浙江农业大学园艺系选育，以新世纪×（八云×杭青）为亲本，1977 年杂交，1996 年通过鉴定。平均单果重约 190 克，大果可达 300 克。果实扁圆形，果皮黄绿色，果点小而少，果面平滑，有光泽，有蜡质。果肉白色，肉质细嫩、酥脆，石细胞少，汁多，味甜，品质上等。可溶性固形物含量 12%，较耐贮运。该品种树势开张，生长势中庸，萌芽率和成枝力中等，以中短果枝结果为主。最佳食用期为 7 月中旬。

六 中梨一号

中梨一号又叫绿宝石，原代号 82–1–328，由中国农业科学院郑州果树研究所选用亲本为新世纪梨×早酥梨杂交而成。平均单果重约 220 克，大果可达 480 克。果实近扁圆形，黄绿色，果面光洁，果点中大，外形美观，采后贮藏 15 天呈鲜黄色。果梗长，梗洼、萼洼中等。果肉乳白色，肉质细脆，汁液多，石细胞极少，风味酸甜可口，具香味，果心小。可溶性固形物含量 13.0%~14.0%。室温下可贮放30 天左右，冷藏条件下可贮放 2~3 个月。绿宝石树势强健，成龄树较开张，分枝少。

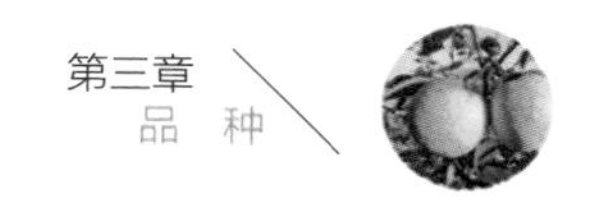

第二节 中熟品种

一 黄冠

黄冠为河北省农林科学院石家庄果树研究所于1977年以雪花梨为母本、新世纪为父本杂交培育而成。1996年8月通过农业部鉴定，并于1997年5月通过河北省林木良种审定委员会的审定。黄冠，落叶乔木，树冠圆锥形，树姿直立。主干及多年生枝黑褐色，一年生枝暗褐色，皮孔圆形、中等密度，芽体斜生、较尖。叶片椭圆形，成熟叶片暗绿色，叶尖渐尖，叶基心脏形，叶缘具刺毛状锯齿。嫩叶绛红色。花白色，花药浅紫色。平均每花序8朵花。果实椭圆形，个大，平均单果重约235克，最大果重可达360克。果皮黄色，果面光洁，果点小、中密。果柄长4.35厘米。梗洼窄，中广。萼洼中深，中广；萼片脱落。外观综评极好。果心小，果肉洁白，肉质细腻、松脆，石细胞及残渣少。风味酸甜适口并具浓郁香味。自然条件下可贮藏20天，冷藏条件下可贮至翌年三四月份。在我省淮河以北地区广泛栽培。

二 圆黄

圆黄为韩国园艺研究所用早生赤×晚三吉杂交育成。果形扁圆，果面光滑平整，果点小而稀，无水锈、黑斑。大果型，平均单果重250克左右，最大果重可达800克。成熟后果皮薄，淡黄褐色，果肉纯白色，果实生育期145天左右，可溶性固形物含量12.5%~14.8%，肉质细腻多汁，石细胞少，脆甜可口，可食率高，较耐贮运。一般在安徽7月下旬至8月上旬成熟，冷藏可贮5~6个月。树势强，枝条开张，粗壮，易形成短果枝和腋花芽，每花序7~9朵花。叶片宽椭圆形，浅绿色且有明亮的光泽，叶面向叶背反卷。一年生枝黄褐色,皮孔大而密集。抗黑星病能力强,抗黑斑病能力中等,抗旱、抗寒,较耐盐碱,栽培管理容易,花芽易形成,花粉量大,可做授粉品种。自然授粉坐果率较高,结果早,丰产性好。

三 清香

清香为浙江省农业科学院园艺研究所育成,原代号 7–6,母本为新世纪,父本为三花梨,1978 年杂交,2005 年通过品种认定。平均单果重约 300 克,最大果重可达 550 克。果实长圆形,果皮褐色,果点中大,较均匀。果肉白色,肉质细,松脆,汁液多,味甜。可溶性固形物含量 11%~13%,品质上等。果实 8 月上旬成熟。树势较弱,树姿较开张。萌芽率和发枝力中等,以短果枝结果为主。腋花芽易形成。可用黄花、翠冠等授粉。

四 黄花

黄花为浙江农业大学用黄蜜×三花梨杂交选育而成,1962 年杂交,1974 年育成。果实阔圆锥形,果皮底色黄绿,果面有黄褐色锈,果点中等大,平均单果重约 230 克。梗洼中深、中广,萼片宿存,萼洼中深、中广。果心中大或较小,果肉白色,肉质细、松脆,汁液多,味甜。可溶性固形物含量 11.8%~14.5%,品质上等,较耐贮运。树冠中大。修剪时前期注意拉枝,进入盛果期后,短剪与长放相结合。通过促、控,合理负载量,保证年年丰产。抗逆性强,耐高温多湿,对黑星病、黑斑病和轮纹病抗性较强。可用杭青、新世纪、翠冠、雪青等授粉。安徽南部均有栽培,果实 8 月中旬成熟。

五 秋月

秋月为日本农林水产省果树试验场用 162–29（新高×丰水)×幸水杂交,1998 年育成并命名,2001 年进行品种登记的中晚熟褐色砂梨新品种。果形为扁圆形,平均单果重约 450 克,最大果重可达 1000 克。果皮黄红褐色,果色纯正。果肉白色,肉质酥脆,石细胞极少,可溶性固形物含量

14.5%左右。果核小，可食率95%以上，品质上等。萼片宿存。生长期150天左右。生长势强，树姿较开张，一年生枝灰褐色，枝条粗壮，叶片卵圆形或长圆形。幼枝生长势强，萌芽率低，成枝力较高，易形成短果枝，一年生枝条甩放后可形成腋花芽；树姿较直立，4~5年生骨干枝容易出现下部光秃。抗寒力强，耐干旱；较抗黑星病、黑斑病。

六 皖梨1号

皖梨1号为安徽省农业科学院园艺研究所2006年以砀山酥梨为母本×幸水梨为父本杂交育成，2017年通过省级认定、定名。果实近圆形，果皮浅褐色，平均单果重约450克。萼片脱落，极少宿存；果肉白色，质地酥脆，风味甘甜，汁液丰富，酥脆爽口。芽褐色，腋芽多呈圆锥形，离生；叶片呈长椭圆形，螺旋着生在枝条上；叶尖长渐尖，叶基圆形，叶全缘、叶缘顺生、有细锯齿，叶面平滑、有光泽，两侧向内微曲，叶梗细，平均长5.91厘米。枝条成枝力中等，萌芽率高，多年生枝深褐色，一年生枝褐色。花瓣为白色，雄蕊20~22枚分离轮生，枣红色或红色，雌蕊3~5枚离生。每花序一般为5~7朵花，花序坐果率高。在砀山黄河故道地区，树势中庸偏强，枝条易成花；通常萌芽期为3月上旬，3月底至4月初进入开花期，先开花后展叶；果实成熟期为8月下旬；落叶期为11月中下旬。见图3。

图3 “皖梨1号”结果状

七 皖梨5号

皖梨5号为安徽省农业科学院园艺研究所2007年以天皇梨为父本，

砀山酥梨为母本杂交育成，2022 年通过省级认定、定名。果实近圆形，果皮青绿，平均单果重约 359 克。果肉白色，肉细嫩脆，石细胞团少，汁多爽口。芽褐色；叶片呈卵圆形，叶色绿色偏浅；枝条成枝力弱，萌芽率高，各类果枝均能结果。花瓣为白色，雄蕊 20~22 枚分离轮生，淡红色，雌蕊 4~5 枚离生，个别有 6 枚；伞房花序，每序一般为 5~6 朵花，花序坐果率高。在砀山黄河故道地区，树势中庸，树冠开张，枝条易成花；通常萌芽期为 3 月上旬，3 月底进入开花期，花期 8 天左右；果实成熟在 8 月中旬；落叶期为 11 月中下旬。见图 4。

图 4 “皖梨 5 号”结果状

八 丰水

丰水原产于日本，亲本为(菊水×八云)×八云，在我国安徽、江苏、山东、河北、河南、四川等地有一定量的栽培。平均单果重 292.8 克，纵径 9.4 厘米，果实扁圆形或近圆形，果皮棕褐色或黄褐色。果点小而密、灰褐色，萼片脱落，偶有宿存。果柄较短，果肉白色，肉质细腻、松脆，汁液多，味甜酸。含可溶性固形物 12.7%，品质上等，常温下可贮藏 10 天。树势中庸，萌芽力强，成枝力弱，丰产性好。叶片椭圆形；花蕾白色，每花序 4~9 朵花，雄蕊 22~28 枚。在黄河故道地区，果实 8 月中旬成熟。

九 玉露香

玉露香为山西省农业科学院果树研究所以库尔勒香梨为母本、雪花梨为父本杂交育成。树冠中大，圆锥形，树姿较直立。果实大，卵圆形，平均单果重约 250 克，最大果重可达 450 克。果皮薄，果心小，萼片残存或脱落。果肉白色，肉质细、松脆，汁液特多，味甜具清香。可溶性固形物含量可达 14.0%。果实阳面着纵向条纹状红晕。抗腐烂病和抗褐斑病中等，抗白粉病能力较强，较耐旱，抗寒性中等，耐瘠薄。

第三节 晚熟品种

一 砀山酥梨

砀山酥梨，原产安徽砀山县，中庸树势的枝条青褐色，树势愈强，枝条颜色越深。萌芽力强，成枝力较弱。一般情况下，砀山酥梨的新梢 1 年只有 1 次生长，果台副梢 4 月下旬摘心后不会进行 2 次生长。以短果枝结果为主，腋花芽结果能力强，丰产性好。果实近圆形，平均单果重约 314 克，最大果重可达 2400 克，采收时黄绿色，贮藏后黄白色。果实果皮较薄，果面蜡质有光泽，较光滑；果点中等大小、较密；萼片脱落或宿存，萼洼深、广。果实生长期 150 天，黄河故道区域成熟期为 9 月中旬。室内常温贮藏期为 120 天，半地下通风窖贮藏期为 210 天。适应性极广，耐瘠薄，抗寒力及抗病力中等。分布于安徽、新疆、陕西、山西、河南、山东、江苏等省、自治区。见图 5。

图 5 “砀山酥梨”结果状

二 爱宕

爱宕为日本冈山县龙井种苗株式会社以“二十世纪”×“今村秋”为亲本杂交育成。果实扁圆形，大果型，平均单果重约 415 克。果皮黄褐色，果点较小，中密。果肉白色，肉质细脆，汁多，石细胞少，可溶性固形物含量 12.0%~16.0%，味酸甜可口，但果实完熟后，贮藏期会产生酸味。树势健壮，枝条粗壮，树姿直立，树冠中大，结果后半开张。萌芽力强，成枝力中等。各类果枝均能结果，自花结实率高。早果性好，易丰产、稳产。对肥水条件要求较高，喜深厚砂壤土。在冀中南地区 3 月中旬花芽萌动，3 月底为初花期，4 月初盛花期，花期持续 10 天左右。花期较早，易受晚霜危害。叶芽 4 月上旬萌动，中旬开始萌发。果实 9 月中下旬成熟，生长期 160 天左右；落叶期为 11 月初。该品种抗黑星病、黑斑病能力较强，抗寒性稍差。

三 马蹄黄

马蹄黄，落叶乔木，高达 5 米以上。幼树生长较旺，成枝力弱，短果枝结果，容易形成短果枝群，果台不易抽生果台副梢；叶片中大，叶缘刺芒状。果实马蹄形，平均单果重 200 克左右。萼片脱落，少量残存，萼洼深广；果肉白色致密，果心小，汁多，酸甜可口，品质中上等。在安徽黄河故道地区，果实 9 月上中旬成熟，不耐贮藏。该品种适应性较强，丰产性能

好，是砀山酥梨的优良授粉品种之一。

四 鸭梨

鸭梨，原产地河北，属于地方品种。果实倒卵形，平均单果重 204.3 克。果皮浅绿色，果点小而密、褐色，萼片脱落。果柄细长，果心特大。果肉乳白色，肉质细嫩、松脆，汁液多，味酸甜，有微香气。含可溶性固形物 10.9%，品质中等，常温下可贮藏 20 天。树势中庸，萌芽力中等，丰产性好。叶尖急尖，叶基宽楔形；花蕾白色，每花序 5~10 朵花，平均 7.5 朵；雄蕊 19~25 枚，平均 22.0 枚；花冠直径 4.2 米。在河北昌黎地区，果实 9 月上旬成熟。

五 库尔勒香梨

库尔勒香梨原产于新疆库尔勒地区，南疆栽培较多，北方各省有引种栽培。果实倒卵圆形，有沟纹，平均单果重 109.8 克。果皮绿黄色，阳面具红晕，萼片脱落或残存。果梗基部肉质状，梗洼浅狭，果心较大。果肉白色，肉质细嫩，味甜，有浓香。含可溶性固形物 13.3%，品质极上等，果实可贮至翌年 4 月。树势强，枝条较张开，萌芽力中等，成枝力强。以短果枝结果为主，腋花芽和中长果枝结果能力也强。丰产性较强。适应性强，砂壤土、黏重土壤均适应，抗寒力中等，抗病虫能力较强，抗风能力较差。在新疆库尔勒地区，果实 9 月中旬成熟。

六 南果梨

南果梨主产于中国辽宁省的鞍山海城、岫岩及辽阳地区，在辽宁省朝阳、彰武、锦州、抚顺、本溪、营口等地以及吉林、内蒙古和黑龙江等地区也有少量栽培。平均单果重 50~75 克，最大果重可达 170 克，含可溶性固形物 15.4%。果皮中厚，较韧，底色多为黄绿色，阳面带有红晕。果点较大，近圆形。梗洼较小、较深，比较整齐，花萼多数脱落。果梗短粗，果心较小，果肉乳白色。叶片呈倒卵形或椭圆形，叶端急尖，中大，叶面平整，叶缘具刺毛状齿，较规则；叶色暗绿，光滑，有光泽；叶柄长5~6厘米，微带紫红色，托叶早落。南果梨对温度要求不高，极抗寒，在-37℃的条件下无冻害。南果梨喜光，只有在光照充足的条件下才能生长发育良好。

七 茌梨

茌梨，又名莱阳茌梨，莱阳慈梨，俗称莱阳梨，是山东普遍栽培的白梨系统中的优良品种。因主要产地在莱阳市，原产地在茌平一带得名。果实多为不正纺锤形，肩部常有一侧突起，平均单果重约233克，最大果重可达600克。果皮黄绿色，后变绿黄色；果点大而凸出，褐色，果面粗糙，外观较差。果心中大，果肉淡黄白色，脆嫩多汁，味甜，含可溶性固形物13.0%~15.3%。果实一般可贮至翌年二三月份。树势及幼树直立性强，萌芽率高。丰产性及适应性强，耐贮性中等。

第四节 砧木品种

一 豆梨

豆梨，乔木，高5~8米，小枝粗壮，圆柱形，在幼嫩时有茸毛，不久脱落，二年生枝条灰褐色；冬芽三角卵形，先端短渐尖，微具茸毛。叶片宽卵形至卵形，少数长椭圆形，边缘有钝锯齿，两面无毛；托叶叶质，线状披针形。伞形总状花序，具花6~12朵；苞片膜质，线状披针形，长8~13毫米，内面具茸毛；萼筒无毛；萼片披针形，先端渐尖，全缘，长约5毫米，外面无毛，内面具茸毛，边缘较密；花瓣卵形，白色；雄蕊20枚，稍短于花瓣；花柱3，稀2，基部无毛。果实球形，直径约1厘米，黑褐色，有斑点，萼片脱落，2~3室，有细长果梗。花期4月，果期9~10月。主要分布于长江流域及

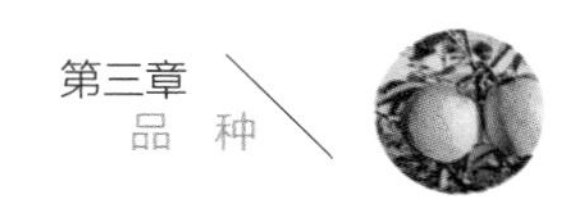

以南地区，在安徽、山东、河南和甘肃均有分布。

二 杜梨

杜梨，乔木；高达10米，树冠开展，枝常具刺；小枝嫩时密被灰白色茸毛，二年生枝条具稀疏绒毛或近于无毛，紫褐色；冬芽卵形，外被灰白色茸毛；叶片菱状卵形至长圆卵形，边缘有粗锐锯齿，幼叶上下两面均密被灰白色茸毛，成长后脱落，老叶上面无毛而有光泽，下面微被茸毛或近于无毛；托叶膜质，线状披针形；伞形总状花序，有花10~15朵，总花梗和花梗均被灰白色茸毛，花梗长2~2.5厘米；苞片膜质，线性，白色；雄蕊20枚，花药紫色，长约花瓣的一半；花柱2或3，基部微具毛。果实近球形，褐色，有淡色斑点，萼片脱落，基部具带茸毛果梗。花期4月，果期9~10月。分布于辽宁、河北、河南、山西、甘肃、陕西、宁夏、湖北、安徽、江苏和江西等省、自治区。

三 白梨

白梨，乔木，高达5~8米。树冠开展；小枝粗壮，幼时有柔毛；二年生的枝紫褐色，具稀疏皮孔。叶柄长2.5~7厘米；托叶膜质，边缘具腺齿；叶片卵形或椭圆形，边缘有带刺芒尖锐齿，微向内合拢，初时两面有茸毛，老叶无毛。伞形总状花序，有花7~10朵；花瓣卵形，先端呈啮齿状，基部具短爪；雄蕊20枚，长约花瓣的一半；花柱4或5，离生，无毛。果实卵形或近球形，微扁，褐色。花期4月，果期8~9月。分布于河北、山西、陕西、甘肃、青海、山东、河南、安徽等地。生于海拔100~2000米的干旱寒冷地区山坡阳处。

四 砂梨

砂梨，乔木，高达7~15米；小枝嫩时具黄褐色长柔毛或茸毛，不久脱落，二年生枝紫褐色或暗褐色，先端长尖，基部圆形或近心形，稀宽楔形，边缘有刺芒锯齿，微向内合拢，上下两面无毛或嫩时有褐色绵毛；叶柄长

3~4.5 厘米，嫩时被茸毛，不久脱落；托叶膜质，线状披针形，长 1~1.5 厘米，全缘，边缘具有长柔毛，早落；伞形总状花序，具花 6~9 朵；总花梗和花梗幼时微具柔毛，花梗长 3.5~5 厘米；苞片膜质，线性，边缘有腺齿，外面无毛，内面密被褐色茸毛；花瓣卵形，长 15~17 毫米，先端啮齿状，基部具短爪，白色；雄蕊 20 枚，长约花瓣的一半；花柱 5，稀 4，光滑无毛，约与雄蕊等长；果实近球形，浅褐色，有浅色斑点，先端微向下陷，萼片脱落；种子卵形，微扁，长 8~10 毫米，浅褐色；花期 4 月，果期 8 月。分布于我国长江流域及其以南地区。

五 川梨

川梨，乔木，常具枝刺；小枝圆柱形，幼嫩时有绵状毛，以后脱落，二年生枝条紫褐色或暗褐色；冬芽卵形，先端圆钝，鳞片边缘有短柔毛。叶片卵形至长卵形，边缘有钝锯齿；叶柄长 1.5~3 厘米；托叶膜质，线状披针形，不久即脱落；伞形总状花序，具花 7~13 朵，直径 4~5 厘米，总花梗和花梗均密被茸毛；花瓣倒卵形，长 8~10 毫米，宽 4~6 毫米，先端圆或啮齿状，基部具短爪，白色；雄蕊 25~30 枚，稍短于瓣；花柱 3~5，无毛；果实近球形，直径 1~1.5 厘米，褐色，有斑点，萼片早落，果梗长 2~3 厘米；花期 3~4 月，果期 9~10 月。主要分布于我国四川、云南和贵州一带，印度和尼泊尔也有分布。川梨的变种主要有无毛变种、钝叶变种和大花变种。

第四章 育苗和建园

第一节 育 苗

一 苗圃的选择与规划

以质地疏松、土质肥沃、排灌良好、pH中性,且无根癌病及地下害虫的砂壤土最为适宜,地下水位1~1.5米。前1~2年曾用作梨树苗圃,且未经土壤消毒处理,不可再作为梨树苗圃使用,防止重茬现象。规则苗圃应包括母本园和繁殖区两部分。母本园包括采种母本园和采穗母本园及砧木母本园。另外,园区内须规划道路、排灌系统、防风林,以及工具房等建筑。

二 苗圃整地

播种前必须进行圃地深翻,每亩施入腐熟基肥3~5吨。一般整宽1~1.5米的畦,若地下水位高或者雨水多的地区则可采用高畦;在干旱或低水位地区则采用低畦。为防治地老虎、蝼蛄等害虫,每平方米撒施5%辛硫磷颗粒4.5克左右。

三 苗木培育

1.砧木苗的培育

（1）种子采集与处理。砧木种子须充分成熟，一般种皮呈褐色时可采收，采集时间为9月下旬至10月上旬。防止过早采集种子。采集后要及时除去杂物，堆积倒翻，果肉变软后，用清水漂洗，淘出种子，晾干簸净，收藏待用。

（2）播种与砧木苗管理。砧木种子须通过5℃左右的低温、层积法沙藏处理60~70天，发芽后及时播种，播种一般为3月下旬至4月上旬；还可用“封土埝播种法”育苗。

2.嫁接苗的繁育

（1）接穗采集。采集接穗时，应选择品种纯正、树势健壮、无病虫害的母株且以枝梢充实、芽体饱满的发育枝为宜，一般不宜将2个以上的品种混放，以免造成混乱。夏秋芽接和嫩枝嫁接用的接穗，采后应立即剪去叶片，保留0.5~1厘米长的叶柄，同时，剪去枝条两端生长不充实部分，每10~30根1捆，用湿麻袋或湿纱布包好备用。对当日用不完的接穗，将下端插入水中3~4厘米，放在低温阴凉处，每天早晚各换1次水，不要将接穗全部浸入水中。嫁接时需选用接穗中上部饱满充实的叶芽。

（2）接穗贮藏。春季嫁接用的接穗，每50支1捆，然后贮藏备用。贮藏方法如下：

①沟藏。在土壤冻结之前，选地势平坦的背阴处挖沟，沟深1米，宽1~1.2米，长度依接穗的数量而定。将接穗理顺后，整捆排于沟内，1层接穗1层疏松湿润的土或河沙，直到封冻层。在沟中每隔1米竖放1小捆高粱秆或玉米秆，其下端接到底层接穗，以利于通气。

②窖藏。将接穗存放在1.8~2.0米深的地窖中，接穗与地面成30°角，用湿沙把接穗埋起来。如果地窖内湿度过大，则只埋接穗一部分，使其上部露出。温度最好在0℃左右。

（3）接穗封蜡。春季枝接接穗一般在嫁接前封蜡。封蜡前先将接穗放在清水中浸泡一夜，然后洗净泥沙，晾干后根据嫁接要求截成小段。选熔点在60~70℃的工业用石蜡，准备大小2个容器，大容器盛水加热，小容器装石蜡置于大容器中，使石蜡熔化。封蜡时，将接穗一端快速浸入石蜡中并快速取出，然后再转过来蘸另一端，使整接穗两端表面蒙上一层薄薄的石蜡。

(4)嫁接。通常采用以下几种方法进行嫁接。

①“T”字形芽接法。一般用于一年生砧木苗的嫁接，通常在7月中旬至8月中旬，砧木和接穗形成层都处于易剥离期进行。嫁接后若不剪砧，当年接芽不萌发，翌年春季剪砧后接芽萌发，生长旺盛。嫁接前将接穗放入盛有3厘米左右水深的桶内，接穗条下部浸入水中，上盖湿毛巾，放在阴凉处，或用麻袋片包严，在水中浸透后取出放在阴凉处，注意经常喷水以免接穗失水皱缩，影响成活。削接芽时，先在接芽的上方0.5厘米处横切1刀，要求环切枝条3/4周，深达木质部，再在芽下方1.5厘米处向上斜削1刀，削时用右手拇指压住刀背，由浅而深向上推，到横切口时，用手捏叶柄和芽，横向用力取下盾形芽片，芽片长度2厘米左右。芽片削好后，在砧木上距地面6~10厘米的光滑部位横、竖各切1刀，切1个“T”字形切口，深达木质部，横切口略长于芽片上边，竖切口与芽片长度相当，然后用嫁接刀的尾端塑料片剥开“T”字形切口，将接芽插入切口皮内，使接芽的横切口与砧木横切口相接，上端留0.1厘米以内的空隙，其余部分与砧木贴紧，然后用塑料薄膜包扎。包扎时先在芽下部绑两道，再转向芽上部绑两道，叶柄基部要绑紧，叶柄、接芽露在外边，然后系上活结。芽接过程中勿用力捏芽或将芽体全部绑在薄膜里，以免使芽体受伤。

②带木质部芽接法。一般春季到秋季，只要有芽体饱满的接穗，在砧木能够产生愈伤组织的时间内都可进行。尤其当砧木和接穗不易剥皮时，或早春利用贮藏的一年生枝条做接穗时，多采用带木质部芽接法。削接芽时，从芽上方1~1.5厘米处向下斜削1刀，长2.5~3.0厘米，芽体厚0.2~0.3厘米；在芽下1~1.2厘米处沿45°角斜向下切入木质部至第1切口底部，取下带木质部的盾形芽片。再用同样的方法在砧木距地面5~10

厘米处，削成与接穗芽片形状基本相同、略长的切口，并切除砧舌，将带木质部的接芽嵌入砧木的切口中，对齐形成层。最后用塑料薄膜扎紧扎严，使之不漏气、不透水。春季嫁接时仅露叶柄和芽，萌芽生长半个月再解绑，否则易被风折断；秋季嫁接时不露芽，不解绑，次年立春萌芽时再解绑。这种芽接方法的优点是可以进行嫁接的时间长，不受木质部和韧皮部能否剥离的条件限制。

③枝接。一般在砧木树液开始流动、芽尚未萌动时进行最好。枝接的时间较芽接的短，但接后生长速度快，当年可形成优质苗。目前春季枝接的主要方法是单芽切腹接。具体方法如下：生产上从萌芽前 1 个月到开花都可采用这种方法进行嫁接，嫁接时在砧木距地面 6~8 厘米处平茬，然后在接穗（单芽或双芽）芽下 0.3~0.5 厘米处正、背面各向下削一斜面，长 2~3 厘米，枝粗的斜面长一些，枝细的斜面短一些，斜面要平滑，下端呈楔形。削好接穗后，在砧木剪口下 0.3~0.4 厘米处，用果枝剪在砧木一侧向内斜剪一个长 2.5~3.0 厘米的切口，角度为 20°~30°，将削好的接穗插入切口，使砧木形成层与接穗对齐，严密包扎，并把接穗上剪口裹严（若枝条封蜡，上剪口可以不裹），接芽露在外面。该方法优点是嫁接速度快，一般每人每天可嫁接 1000~1500 株。

（5）嫁接苗管理。检查嫁接成活率。夏秋芽接 10~15 天后，若芽片新鲜、叶柄一触即落，表示接芽已经成活。否则，就没有成活，应及时补接。枝接 3~4 周后，若接穗韧皮部保持青绿色，接芽开始萌动，表明已经成活，未成活的接穗则皱缩干枯，需补接。春季芽接可在嫁接的同时或嫁接前后剪砧；嫁接后若接口已完全愈合应及时解绑。6 月中旬前芽接，可在嫁接 10 天后剪砧，待接芽萌发，绑缚物影响接芽生长时解绑。8~9 月嫁接的苗木，一般当年不让接芽萌发，秋季落叶后或翌春萌芽前解绑，翌春萌芽前剪砧。剪砧一般在嫁接口上 0.5~1.0 厘米处进行，剪口要平滑，呈马蹄形，近芽侧面略高。春季枝接一般在剪砧后进行，5 月底接口完全愈合时，及时解除包扎物。剪砧后要及时抹除砧木上的萌芽，除萌要反复进行，直到砧木无萌蘖为止。

（6）其他管理。幼苗生长过程中，及时追肥浇水，中耕除草。当苗高30厘米左右时，一般每公顷苗圃施氮、磷、钾三元复合肥375千克，尿素112.5千克，7月中旬以后叶面喷施0.3%磷酸二氢钾溶液，帮助苗木健壮生长。梨幼苗期常见的病害有黑星病、黑斑病、灰斑病等，虫害主要有螨类、梨木虱、蚜虫、梨茎蜂及卷叶蛾等。

四 苗木质量标准

为达苗木质优、品种纯正之目的，应建立高标准、精管理的苗木生产基地。苗茎无病虫害、无干缩皱皮。根系新鲜，无病害。主根和侧根完整，侧根应在3条以上，并且分布均匀、舒展，长度15厘米以上；须根多。嫁接口以上45~90厘米的枝干，即整形带内有邻接而饱满的芽6~8个；若整形带内发生副梢，副梢上要有健壮的芽。嫁接口愈合完全，接口光滑。

第二节 建园基本要求

一 园地选择

1.气候条件

通常年均温度7~14℃，最冷月份平均温度不低于-10℃，极端最低温度不低于-20℃，大于10℃的有效积温不少于4200℃，海拔300米左右，日照时数1700小时以上，年降水量400~800毫米，无霜期140天以上的地区最适宜梨树的生长；土质以疏松、肥沃、排灌良好的砂壤土为宜。

2.地理位置和交通条件

平原地带最适合建梨园，具备灌溉条件的丘陵山地亦可发展。交通要便利。

3.土壤

山地、丘陵、河滩地等均可栽培梨树，但沙质壤土、有机质含量高的地块是首选。

二 园地规划

1.小区规划

小区的规模面积因园址和机械化程度的不同而异，一般机械化水平较高，清耕、除草、打药、运输均为机械化的大型农场，可以3~4公顷为一个作业小区；机械化水平较低的梨园，以拖拉机气泵喷药为例，一般以8行为一小区，长度可依具体情况而定；而一家一户的小生产，能够正常操作即可。山区梨园的小区划分，要因地势、梯田形状等灵活掌握。

2.道路与防风林规划

道路分为主干道、次干道和区内作业道。主干道路宽15米左右，位置适中，贯穿全园，连接外部交通线；次干道路宽8~10米，以小区分界线，与主干道和小区作业道相连；小区作业道与次干道相连，路宽6~7米。防护林既可以防止风灾，又可以减少土壤水分蒸发和植株蒸腾，减少冻害。防护林一般包括主林带和副林带，主林带与当地主风向垂直，偏角不超过30°；主林带间距以防护林树高的15~20倍为宜。副林带与主林带垂直，副林带间距一般为800~1000米。主、副林带的位置应与小区的形状、大小、道路及排灌系统等综合考虑决定，林带通常位于道路和沟渠两旁，南面林带距果树应不少于30米，北面林带距果树不少于10米；防护林为乔、灌木结合。主林带一般4~6行，宽度10~12米；副林带2~3行，宽度5~6米；林带内树木栽植的行株距，乔木为(2~2.5)米×(1~1.5)米，灌木为(1~1.5)米×(0.5~0.7)米。

3.排灌及水土保持系统

(1)渠灌系统。主要包括水源、水渠、灌水沟等设施。水源就近利用；水渠由干渠和支渠组成。可以实施漫灌、沟灌和畦灌。

(2)管灌系统。由控制设备(水泵、水表、压力表、过滤器、混肥罐等)、干管、支管、毛管等组成,是节水灌溉形式。可以进行滴灌、喷灌。

(3)排水系统。在地下水位高的低洼地、沙滩地及坡度较大、集水面广的果园进行排水系统的规划,防止地面径流和涝害。排水有明沟排水、暗沟排水和抽水排水 3 种。

①明沟排水是在地面上挖排水沟,排除地表径流。重盐碱地区,既要洗碱又要排地下水,要深挖明沟。平地果园由小区的水沟和边缘的支沟与干沟 3 部分组成。

②暗沟排水是在地下埋置暗管或其他填充材料而成的地下排水系统。它不占土地,不影响机械操作,但工程投资较大。

③抽水排水是在果园内设置存水井,用机械抽水方式进行排水。主要用于低洼地排水。

三 品种选择及配置

大多数的梨品种不能自花结果,或自花坐果率很低,生产中必须配置适宜的授粉树。授粉品种须具备以下条件:与主栽品种花期一致或提前;花量大,花粉多,与主栽品种授粉亲和力强;最好能与主栽品种互相授粉;本身具有较高的经济价值。1 个果园内最好配置 2 个或以上授粉品种。授粉树数量一般占主栽品种的 1/5~1/4,按间隔 4~8 株或 4~5 行主栽品种定植 1 株或 1 行授粉树。授粉树也可单独定植,采粉辅助授粉。

四 定植技术

1.定植前准备工作

准备“二级苗”及以上标准苗。一般落叶后到萌芽前定植。

2.定植时期

秋季定植以秋末冬初土壤未上冻前为宜, 春季定植应在土壤解冻后,芽体萌动前进行。

3.树形与密度

一般长势强旺、分枝多、树冠大的种类，为兼顾早期经济效益，生产上常采取早期密植、后期间伐的方法。定植时株行距一般为(3~4)米×(6~7)米，间伐后株行距为(6~7)米×(6~8)米；密植园株行距一般为(3~4)米×(4~6)米。长势偏弱、树冠较小的品种要适当密植，株距3~4米，行距4~5米；有些品种，可采用株距2~3米，行距3~4米。

4.定植方法

按照定植计划，提前2周以上，统一定点挖穴，定植穴的长、宽和深均为100厘米，或挖宽60厘米、深60~80厘米的定植沟。定植时按每株30~50千克土杂肥或等量经过堆制的作物秸秆或0.15~1千克复合肥或2~3千克腐熟饼肥、0.5~1千克过磷酸钙的施肥量，将土壤与肥料混合均匀后填入定植穴，边填边踏实。填至距地面20厘米处时，将优质苗放入穴内，理顺根系，同时使植株纵横成行，然后填土至地面，边填边摇动并轻轻上提苗木，用脚踏实，最后以苗为中心，做成直径1米的树盘并立即浇透水。水下渗后，以苗木根颈与地面(或畦垄面)相平为宜，不可将根颈埋在土内。为防止水分蒸发和树干摆动，定植水完全渗下后，在树干周围培土或加固定设施。

5.定植后管理

(1)定干。定植后应根据拟采用的树形要求，对幼苗高度(一般为60~80厘米)短截，须注意在整形带(接口以上45~90厘米)内留8~10个健壮饱满的芽子。

(2)追肥、灌水。定植第1年5月上旬，在树盘内每公顷面积追施尿素150~225千克，追肥后立即浇水，并覆盖地膜。7月底至8月上旬用带尖的木棍在距树干30~40厘米处，打3~4个深达10厘米的洞，每个洞内施氮、磷、钾三元复合肥0.2千克，施肥后用土把洞口封住，并灌水。6~10月份配合病虫害防治，叶面喷施0.3%尿素(前期)和0.3%磷酸二氢钾(后期)或含氮、磷、钾、铁、锌、铜等元素的高效复合液肥800~1000倍液，全年4~5次，促进枝叶生长和芽体充实。为确保苗木成活，定植后当天、栽

后1周和栽后半个月须浇透水。

(3)间作物管理。梨幼苗期，空间许可时，间作物一般为豆类、花生、矮秆药材等。间作物要轮作，并留出至少2平方米的树盘空地。密植梨园，不宜间作套种。

(4)病虫害防治。梨苗萌芽后，常受蚜虫和金龟子等危害，严重影响幼苗展叶、抽枝，应及时进行防治，同时，注意生长期病害防治。

(5)其他。春季发芽展叶后，检查成活情况，对未成活的及时补栽、补接。保留距地面20厘米以上萌发的所有芽，以增加枝叶量。冬季要进行涂白和防寒工作。

第三节　低效梨园改造技术

一　选择优良品种

选用品质优、产量高而稳、效益高、能很好地适应当地的环境及土壤条件的品种。

二　高接换优时间

高接换优须在春季树液开始流动、树皮离层后进行，最佳时间为春季。

三　应用合理高接方法

高接时应根据以下原则去留枝干确定高接方法。

1.因树做形，合理去留枝干，正确选择高接方式

对于树体骨架良好、分枝合理的丰产型树形，应该采取多头高接法，尽可能地保持原树形不变。多留枝多接这种高接方式，树冠损伤小、恢复

快，能早结果早丰产。对于未经整形修剪、树形凌乱、大枝较多、内膛和枝干下部光秃的树，应采取骨干枝高接法。对于分枝部位高、枝干不完全的“旗杆树”，可采取主干高接法重新培养树冠。

2.确定骨干，分清主次，分类施策

根据主枝长留、侧枝重截、收缩辅养、去掉多枝的原则，骨架中心干在40~50厘米处截留，侧枝在20~30厘米处剪截作为嫁接部位辅养枝、结果枝，尽量靠近其母枝剪截使中央领导枝、主枝、侧枝、结果枝或辅养枝依次减短、主从分明、结构紧凑、内膛结果。

3.补留小枝，配备枝组，增加结果部位

对树冠内的小枝，除去过密的外，应尽量保留进行高接。对这些小枝剪留要短，使枝组尽量靠近骨干枝。

4.插枝补空，充实内膛，增加结果体量

高接时应尽量避免大除大砍，对光秃的部位可插枝补空。主枝上以背上插较好，中央领导干上应插空排列，插枝与枝干成45°。

四 采用适宜嫁接方法

高接采用皮下接、劈接、切接、皮下腹接、带木质芽接、高芽接等嫁接方法。对嫁接部位较粗，接口直径3厘米以上，应采取皮下接法；对较细的枝条，尤其是高接树内膛直径在3厘米以下的细枝嫁接，可采用劈接、切接、切腹接法，以劈接法为主；对高接树内膛光秃部位、大枝干光秃部位为插枝补空或生枝，宜采取皮下腹接、带木质芽接法；对树冠内膛的小枝或高接树缺枝部位萌发的徒长枝，可采用高芽接法改造利用，填补空缺。

五 适时夏季修剪与管理

加强高接换优树夏季管理，是提高嫁接成活率、有效利用养分、快速恢复树冠、提早结果的重要措施。要及时检查嫁接成活情况，及早补接；

要绑支柱和绑包扎物；要及时、合理地抹芽、摘心；要适度夏季短剪，有效利用养分；要进行合理的土肥水管理。入冬前，灌足冬水。

六 重视危险性病虫害防治

高接换优树要加强病虫害防治，可采取刮老翘皮、束物诱杀、清除虫果、药剂防治、性诱杀虫等方法，确保低效梨园改造取得成功。

第四节 优质高效密植栽培建园技术

一 建园

梨树对土壤要求虽不严格，但一般园地选择 pH 为 5~8.5，以 5.5~6.5 为最佳。建园时，需要考虑园地的地形地势，以及土壤的土质深厚、疏松肥沃、排水通畅等方面。在建园整地前，准备好有机肥料。通常考虑梨园四周种植杨树、水杉等乔木作为防风林带。

二 果园整理

一般在秋、冬季整理园地，按照定植株行距要求，挖定植穴长、宽、深为 0.6~1.0 米；或挖定植沟宽、深为 0.6~0.8 米，长度根据园区南北方向确定，见图 6。定植苗木前 2 个月回填好穴或沟的土壤，回填土时，一般每亩需施充分腐熟的农家土杂粪肥 2~3 吨，或施商品有机肥 2 吨，土肥拌匀放置穴或沟底部，上部回填土壤；沿穴或沟行起垄保墒，起垄宽度 2 米、高度 0.2~0.3 米，梅雨季节雨量偏多的地区（淮河以南、沿江、皖南、皖西地区），需适当提高起垄的高度，一般高度为 0.4~0.6 米。

图 6　建园挖定植沟

三　宽行密植

株行距 4 米×2 米或 4 米×1.5 米，每亩定植 83 株或 111 株；按照主栽品种与授粉品种为(3~4):1 配置定植。主栽品种翠玉、翠冠、苏翠 1 号，栽植授粉品种圆黄、清香，或翠冠、翠玉梨；主栽黄金、黄冠梨，授粉品种圆黄、鸭梨、早酥梨。

四　苗木选择

建园需提前选好梨苗。选择整齐健壮、根系发达、品种纯正的苗木。苗干高 80 厘米以上，嫁接口接穗直径应在 1 厘米以上，成熟度好，侧芽饱满，无机械损伤，主根长 20~25 厘米，侧根 5 条以上，根系直径达 0.3 厘米，侧根长度 15 厘米以上，无病虫害。苗木在运输过程中，须做好保湿包装，避免苗木根系失水，影响栽植成活率。有条件，选择大苗建园。

五　苗木定植

定植前，科学合理地对园地土壤改良和规范起垄是栽培成功的关键环节。

1.定植时期

可选择秋季和春季，秋季定植可在苗木落叶后 1 周至土壤上冻前这

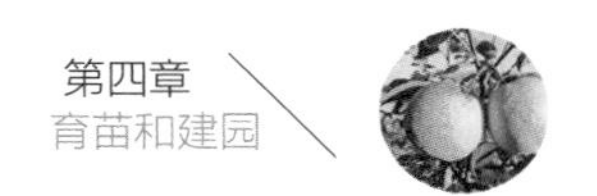

段时间，春季定植在土壤解冻后至芽萌动前（通常在翌年2月底前）栽植，见图7。定植前，剪掉烂根、伤根，用70%甲基托布津可湿性粉剂800倍液+10%吡虫啉可湿性粉剂4000~6000倍液浸根10~15分钟，蘸上泥浆再定植。

图7　梨苗定植

2.定植

按定植株行距要求，在填好土和肥料的穴或沟上，再挖穴栽植，穴大小较苗木的根系略大些（以保证苗木根系舒展开为准）；定植苗时，将苗木扶正，填入表土，并轻提苗干，使根系均匀分布在穴内，填土踏实，做好树盘。填土时，苗木嫁接口要高出土表面5~10厘米，以防浇灌透水后起垄地面下沉。

3.定植后管理

苗木栽植后要立即一次性浇透水，扶直苗木，培土保墒。若遇干旱，15~20天再浇一次水。苗木成活后，对从砧木上或接近地面处主干上萌发的芽或枝及时抹除，生长季节及时松土保墒，除去杂草，肥水，加强病虫害防治，以保证苗木旺盛生长。

六 梨园间作

在不影响梨苗生长前提下，幼树期梨园可适当间种豆类、中药材等矮秆作物，以提高梨园前期产出，但要留出2平方米的树盘不要间种作物。

七 整形修剪

按照建园规划和定植要求，明确园区定植苗木管理树形，进行适时整形修剪，培养和整理树形，为梨树丰产、稳产打下基础。

1."3+1"形整形修剪

树高2.2~2.8米，主干高60~70厘米，基部3主枝和1个中心干；主枝左右直接配置结果枝组，中心干均匀配置各类枝组。第一年，定干高60~70厘米，主枝水平夹角120°，拉枝开张基角60°~65°，主枝冬剪时选旺芽短截。第二至第三年，中心干不剪，其旺枝从基部去除，其他枝条缓放；主枝延长枝以壮芽带头短截。第四年，中心干选斜生的弱枝或结果枝（粗度达到中心干1/3以上）处落头。主枝长势过旺的用弱枝转主换头，偏弱的选健壮营养枝适当重截。到第四年，树体整形基本完成。修剪技术要点：三大主枝的枝组分布均匀，待其结果后进行回缩更新；中心干变弱适当重剪，较强时，多疏、缓放，干上结果枝粗度大于中心干1/3时，疏除更新，维持全树中庸平衡的生长势。结果枝组的更新：进入盛果期后，采取短截、回缩、长放的方法，对主枝上结果枝组的不断更新，主枝角度过度开张的，要及时利用背上枝换头抬高。见图8。

图8　梨"3+1"树形

2.主干形整形修剪

树高2.5~3米，干高50~60厘米，冠径1~1.5米，主干上均匀分布大小相近的25~30个结果枝组。第一年，定植发芽后，基部留3~4个小枝，抹除距地面40厘米以下芽；当新梢长度15厘米左右，通过撑、拿枝等开张枝条角度。第二年,幼树芽萌动前后一周内,主干枝上顶端 30 厘米以下至基部小枝上所有的芽,在芽上方0.5~1 厘米处刻芽,呈月牙形(弧度为主干粗度 1/3 左右),深度达木质部。刻芽当新梢长度 15 厘米左右,新梢与主干角度小于 50°时,采用长 6 厘米牙签撑枝,使其与主干角度达70°左右;或新梢生长大于 20 厘米,可采用钢丝开角器撑枝。第三年,主干上光秃部位继续刻芽,开角度;疏除主干上多余较粗的枝,以及顶部密挤枝和大枝。到第三年,树体整形基本完成。修剪技术要点:栽植苗木不定干,冬剪幼树主干和结果枝不短截,结果枝粗度大于主干 1/2 的疏除。进入结果期,结果枝以疏枝为主。主干过高,适时落头、更新。

八 花果管理

花期采用放蜂或人工授粉,第二次生理落果后,按 20~25 厘米的间距留果。通常每亩产量控制在 2500 千克左右。果实成熟时,适时采收上市。

九 土肥水管理

梨园合理增施有机基肥,生长季节对苗木加强肥水管理,做到旱时能及时浇灌、涝时能及时排水。

十 病虫害防控

冬浇封冻水,清理果园,刮树皮、树干涂白(涂白剂配制:石硫合剂原液、生石灰、食盐、食油、水之比为 1:10:0.5:0.1:30);萌芽前全园喷 3~5 波美度石硫合剂。生长季节,结合预测预报,及时进行病虫害防控。主要病害有梨锈病、梨黑星病、梨炭疽病、梨轮纹病、梨黑斑病等;主要虫害有梨小食心虫、梨茎蜂、梨瘿蚊、梨二叉蚜、梨黄粉蚜、绿盲蝽、二斑叶螨等。采收前 20 天内禁止喷药。

第五章 土肥水管理

第一节 土 壤 管 理

根据土壤特点、地形、地势和梨树生长状况，采取科学合理的管理方法，达到提高土壤肥力、改善土壤结构和理化性状的目标，实现树壮、果优、安全、高效的栽培目的。

一 土壤改良

1.黏土地改良

黏土地矿物质营养丰富，有机质分解缓慢，利于腐殖质积累；保肥能力强，供肥平稳持久。但黏粒含量大，孔隙度小，透水、通气性差，不耐旱、不耐涝。同时其热容量大，土温变幅小，不利于糖分积累。改良黏重土壤的主要方法是掺沙压淤。每年冬季在土壤表层铺5~10厘米厚的沙土，也可掺入炉渣，结合施肥或翻耕与黏土掺和。在掺沙的同时，增施有机肥和杂草、树叶、作物秸秆等，改善土壤通气、透水性能，直到改良的土壤厚度达到40~60厘米、机械组成接近砂壤土的指标时为止。

2.沙土地改良

沙质土壤成分主要是沙粒，矿物质养分少，有机质贫乏，土粒松散，透水、通气性强，保水保肥性能差。沙土热容量小，夏季高温易灼伤表层根系，冬季低温易冻伤根系。沙土地改良主要是以淤压沙，可与黏土地改良结合进行。将沙土运往黏土地，同时将黏土运往沙土地，一举两得，减少费用。同时，结合种植绿肥、果园生草和增施有机肥等措施，逐步提高沙土地梨园的土壤肥力。

3.盐碱地改良

盐碱地含盐量大，pH 较高，矿物质元素含量虽然丰富，但有些元素如磷、铁、硼、锰、锌等易被固定，常呈缺乏状态，造成生理病害。盐碱还会直接给根系和枝干造成伤害。改良措施主要有：①设置排水系统。建园时每隔 30~40 米，顺地势纵横开挖深 1 米、宽 0.5~0.7 米的排水沟，使之与排水支渠和排水干渠相连，盐碱随雨水淋洗和灌溉水排出园外，达到改良目的。②增施有机肥。有机肥不仅含有果树所需要的营养物质，还富含有机酸，可中和土壤碱性。有机质可促进土壤团粒结构形成，减少水分蒸发，有效控制返碱。

4.其他类型土壤改良

山坡地土层浅薄，下部常含砾石，肥力低，水土保持性差，影响梨树根系生长。可沿等高线建造梯田，不断深翻土壤，拣出砾石，加厚土层。江河冲积土常有胶泥或粉沙板结层，透水、通气性差，阻碍根系伸展，易旱易涝。可深挖逐步打破板结层，扩展根系生长空间。低洼梨园地下水位高，土壤通气条件差，常引起烂根，造成树势衰弱，甚至死亡。降低梨园地下水位，除建好排水系统外，可开沟筑垄，沟可降低水位，使地下水位保持在地表 0.7 米以下。垄可抬高地面，梨树栽在垄上。梨园沟与排水系统相连，以便及时排除积水。

二 土壤翻耕

土壤翻耕有利于改善黏性土壤的结构和理化性状。但若翻耕方法不当，常造成树势衰弱，特别是对成年大树和在沙性土壤中栽植的树，这种现象十分明显。

1.土壤深翻

（1）深翻作用。深翻能增加活土层厚度，改善土壤结构和理化性状，加速土壤熟化，增加土壤孔隙度和保水能力，促进土壤微生物活动和矿质元素的释放；改善深层根系生长环境，增加深层吸收根数量，提高根系吸收养分和水分能力，增强、稳定树势。

(2)深翻时期。定植前是全园深翻的最佳时期，定植前没有全园深翻的，应在定植后第 2 年进行，一年中四季均可进行深翻。成年梨园根系已布满全园，没有特殊需要，一般不进行大规模深翻，只在秋施基肥时适当挖深施肥穴，达到深翻目的。若需要打破地下板结层或改良深层土壤，在 9 月底 10 月初进行，断根愈合快，对次年生长影响小。冬季深翻，根系伤口愈合慢，有时还会导致根系受冻。春季深翻效果最差，深翻截断部分根系，影响开花坐果及新梢生长，还会导致树势衰弱。

(3)深翻方法。挖沟定植的梨园，定植第 2 年顺沟外沿挖条状沟，深度 60~80 厘米，并逐年外扩，3~4 年完成；挖定植穴栽植的梨园，采用扩穴法，每年在穴四周挖沟深翻 60~80 厘米，直至株间行间接通为止。盛果期梨园深翻，一般隔行进行，挖沟应距树干 2 米以外，沟深、宽各 60~80 厘米，第 2 年再深翻另一行，以免伤根太多，削弱树势。结合深翻，沟底部可填入秸秆、杂草、树枝等，并拌入少量氮肥。深翻应随时填土，表土放下层，底土放上层，填土后及时灌水。

2.土壤浅翻

浅翻可熟化耕作层土壤，增加耕作层中根的数量，减少地面杂草，消灭在土壤中越冬的害虫。浅翻应在晚秋进行，每隔 2~3 年 1 次。浅翻起始位置应距树干 1.5 米以外，结合秋季撒施基肥，全园翻耕 20~40 厘米深。行间距大的梨园可用机械操作，行间距小的适宜人工浅翻，翻后立即耙平保墒。

3.梨园中耕

中耕是调节土壤湿度和温度、消灭恶性杂草的有效措施。春季 3 月底 4 月初，杂草萌生，土壤水分不足，地温低，中耕对促进开花结果、新梢生长有利。夏季阴雨连绵，杂草生长茂盛，中耕对减少土壤水分、抑制杂草生长和节约养分有利。中耕时间及次数根据土壤湿度、温度、杂草生长情

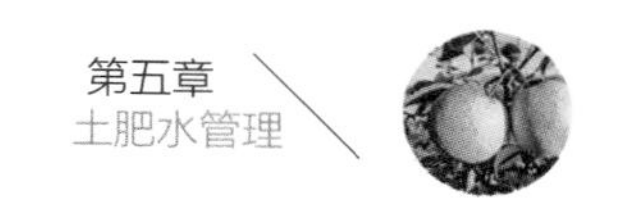

况而定。

三 土壤覆盖

土壤覆盖材料有作物秸秆、杂草、枯枝落叶、绿肥、植物鲜体等有机物，以及无色透明或黑色薄膜、银色反光膜等，覆盖膜到秋冬季及时收集、清理出园。

1.有机物覆盖

全园覆盖 10~15 厘米厚度的作物秸秆等，能起到以下作用：调节土壤温度，改良土壤，抑制杂草，防止水土流失，减少水分蒸发。

2.地膜覆盖

幼树定植用薄膜覆盖定植穴，能起到以下作用：保持根际周围水分，减少蒸发；提高地温，促使新根萌发；提高定植成活率。在结果大树树冠下铺设地膜，可改善树体内膛，特别是树冠下部的光照条件，还能抑制杂草滋生和盐分上升。

3.其他覆盖物

沙性土地覆盖黏土，可防止风沙侵蚀、水土流失，也可缩小地温变幅，改善土壤理化特性。黏土地覆盖沙粒、炭渣，有利于增加土壤昼夜温差，改善黏重土壤的通透性。

第二节 施肥技术

一 需肥特点与施肥原则

施肥在一定程度上就是供给、补充树体正常生长发育所需的各种营养元素，并可熟化土壤、改良土壤理化性状、促进根系吸收，为树体的发育奠定物质基础。梨树的花芽均为前一年形成，所施肥既要保证当年的产量、品质，又要有利于来年的花芽形成，并使树体储备足够的养分，供来年萌发、开花、结果之用。但如果施用时期、种类、方法不当，则会事与愿违，给正常生产带来负面的影响。而肥料的分解、根系的吸收又离不开水，所以施肥后必须浇水。

1.需肥特点

梨在其生命活动周期中，需要吸收多种营养元素才能正常地生长发育、开花结果。最主要的营养元素有碳、氢、氧、氮、磷、钾、钙、镁、硫、铁、锌、硼、锰等，稀土元素对提高产量和品质有良好的促进作用。幼龄期树以长树为主，需要大量氮肥和适量磷、钾肥。初果期树，与幼龄树相比，须适当减少氮肥比例，增施磷、钾肥。盛果期树，应保证相对稳定的氮、磷、钾三要素供给量。对进入衰老期的梨树，应适当增施氮肥。不论树龄大小，在重视氮、磷、钾肥料施用的同时，都不能忽视其他营养元素的补给。不同品种在不同物候期都有其需肥特点。

2.施肥原则

(1)以有机肥为主。土壤有机质含量是土壤肥力的重要指标之一。安全优质有机肥是优化土壤结构、培肥地力的物质基础，其主要优点如下：肥力平稳，肥效全面，活化土壤养分，增加微生物数量，改善土壤理化性状，提高果实品质。

(2)安全原则。梨园施肥是为了培肥地力，壮实树体，稳定生产高质量果品。如果肥料种类选择或施肥方法不当，还会给植株生长带来负面影响，甚至死树毁园。此外，施肥还要根据不同土壤类型、肥力状况和梨品种的需肥特点，适时、适量、适法进行。

二 常用肥料种类

(1)有机肥。包括各种饼肥、腐熟粪肥、植物体、经腐熟或加工合格的有机肥等。

(2)化肥。主要是氮、磷、钾三要素肥料，钙、镁及微量元素肥料，复合肥及稀土肥料等。

（3）生物菌肥。包括根瘤菌、磷细菌、钾细菌肥料等。

（4）其他肥料。经过处理的各种动植物加工的下脚料，如皮渣、骨粉、果渣、糖渣等；腐殖酸类肥料；其他经农业部门登记、允许使用的肥料。

三 施肥量

园区土壤肥力、理化性质，肥料种类和性质，树龄、树势和负载量，田间管理水平，施肥方法，天气状况等因素都影响施肥量。因此，生产上只能先根据一般情况进行理论推算，在此基础上，再根据各因子的变化调整施肥量。

1.施肥量的确定方法

确定施肥量的较好方法是平衡施肥法。用公式表示为：梨树施肥量=（梨树吸收量-土壤自然供给量）/肥料利用率。为确定较为合理的施肥量，在施肥前必须了解目标产量、植株生长量、肥料利用率和肥料有效养分含量等参数。

（1）植株的养分吸收量。指植株在年生长周期中，各器官所吸收消耗的各种营养成分的总和，但要准确计算出这一数据十分困难。以砀山酥梨为例计算，在实际生产中，亩产 3000 千克的砀山酥梨梨园，氮、磷、钾三要素肥料的施用量为每生产 100 千克砀山酥梨果实，需氮 0.3~0.4 千克，磷 0.15~0.2 千克，钾 0.3~0.4 千克。

（2）土壤自然供给量。各类土壤都含有一定数量的潜在养分，经微生物分解和自然风化而释放，被植株吸收。在不施肥的情况下，土壤供给梨树的氮、磷、钾及其他营养元素的量即土壤自然供给量。中国农业科学院土壤肥料研究所的研究结果表明，在一般情况下，土壤三要素肥料的自然供给量占果树吸收量的比例约为氮 1/3，磷、钾各 1/2。

（3）肥料利用率。任何肥料施入土壤后，都不可能全部被梨树吸收利用，吸收部分占施入部分的百分比即为肥料利用率。已有的研究表明，氮肥实际利用率为 35%~40%，磷肥约为 30%，钾肥约为 40%。肥料利用率受气候、土壤条件、施肥时期、施肥方法、肥料形态等多种因素影响。

2.施肥实例

以每亩年产3吨砀山酥梨果实的氮肥施用量为例，部分肥料在一般情况下的利用率如下。

（1）树体吸收量：按每产出100千克果实需氮0.35千克，则每亩梨树需吸收氮素为3000×0.35/100=10.5（千克）。

（2）土壤自然供给量：氮的天然供给量为梨树吸收量的1/3，土壤自然供氮量为10.5×1/3=3.5（千克）。

（3）每公顷理论施肥量：氮素肥料当年利用率按40%计算，施氮素量为（10.5–3.5）/40%=17.5（千克）。

以上求得的是纯氮量，而不是商品肥料数量，要求得某种肥料的用量，还应将此数值除以某肥料的氮素含量。假设施尿素（含氮46%），则实际用尿素量为17.5/46%≈38.04（千克）。磷、钾等肥料用量均可按上述方法求得。理论施肥量只是根据相应参数，从理论上推算得出的，应用时应根据当地的实际情况和历史经验，对理论施肥量加以适当调整，以获得最佳施肥量。

四 施肥时期及方法

1.施肥时期

传统的基肥施入时期有春施和秋施2种，但近年的试验和生产实践证明，秋施基肥的效果要好于春施。采后即施，正值根系的第2次生长高峰（即使稍微延后，根系的活动亦较旺盛），有利于伤根的尽快愈合。挖沟时切断的一部分细根，恰可起到根系修剪的作用，且此时新梢已停止生长，根系的吸收能力强，有利于树体养分的贮藏，为来年的生长、坐果奠定基础。同时树体内细胞液浓度的提高有助于提高抗寒防冻能力。另外，秋施基肥还有减轻“大小年”结果和促进幼树提早结果的作用。

2.施肥方法

（1）条沟施肥。条沟施肥是生产中使用最多的施肥方法。对成龄大树，于行间或株间挖长与冠径相同或稍长，深50厘米、宽50厘米的条沟，将肥料施入后覆土填平。幼树则于树冠外围挖沟(长、宽、深要求同成龄大树),将肥料施入即可。

(2)环状施肥。于树冠外围20~30厘米处挖一条宽50厘米、深50厘米的环状沟,将肥料施入即可。此法多用于幼树期。

(3)放射沟施肥。以树干为圆心,等距离挖6~8条放射状沟,深50厘米左右(沙地可适当浅挖,以30~40厘米为宜),且要求内浅外深,沟长因树冠大小而定,一般以树冠外围为中心,内外各1条。然后将肥料施入,并注意冠外多施、冠内少施。次年以同样的方法,调换施肥位置。

(4)全园施肥。只适用于成龄梨园。具体方法是将肥料均匀地撒布于全园,之后翻入土中。

施肥注意事项:土壤pH高的梨园,应将全年所需磷肥及锌、硼、锰等微量元素肥料和有机肥拌匀施入土壤,因前者这些肥料在碱性条件下易被固定,掺入有机肥中,有利于梨树对这些元素的吸收;肥料应与回填土拌匀;施肥后结合灌水。

五 缺素症诊断

梨树所需的矿质元素,都对其生命活动起着不可替代的作用。当某种元素缺乏时,便会引起植株生理机能的紊乱,影响正常发育。

1.缺氮

(1)症状。叶片变小、呈黄绿色,褪色时先从老叶开始,出现橙红色或紫色,易早落。花芽及果实都小,果实发黄早,停止膨大早。当年生枝条细而短,树势衰弱。当叶片中含氮量低于1.8%时,就可能出现缺氮症状。

(2)矫治方法。采用土壤施肥或根外追肥,及时施氮肥。叶面喷布时,可选用缩二脲含量低的尿素,以免产生药害。

2.缺磷

(1)症状。幼叶呈暗绿色,成熟叶为青铜色。茎和叶柄带紫色,严重时新梢细短、叶片小。当叶片中含磷量低于0.1%时,就可能出现缺磷症状。

(2)矫治方法。采用土施和叶面喷布磷肥。土施磷肥一般与基肥同时进行，以提高磷的利用率。在中性和碱性土壤中施用，常选用水溶性成分高的磷肥；在酸性土壤中适用的磷肥类型较广泛；厩肥中含有肥效持久的有效磷，可在各种季节施用。叶面喷施在展叶后进行，一般进行 2~3 次，每次间隔 10 天左右。叶面喷施常用的磷肥有 0.1%~0.3%的磷酸二氢钾或过磷酸钙浸出液。

3.缺钾

(1)症状。新梢的老叶首先呈深棕色或黑色，然后逐渐焦枯；枝条通常变细而对其长度影响较少。当叶片中含钾量低于 0.7%时，就可能出现缺钾症状。

(2)矫治方法。通常采用土施钾肥，氯化钾、硫酸钾、有机厩肥是最为普遍应用的钾肥。在果实膨大及花芽分化期，沟施硫酸钾、草木灰等钾肥；5~9 月间，结合喷药，叶面喷布 0.2%~0.3%的磷酸二氢钾或 0.3%~0.5%的硫酸钾溶液，一般 3~5 次即可。

4.缺钙

(1)症状。先是枝条顶端嫩叶的叶尖、叶缘和中央主脉失绿，进而枯死。幼根在地上部表现症状之前即开始停长并逐渐死亡。当叶片中含钙量低于 0.8%时，就可能出现缺钙症状。

(2)矫治方法。通常土施消石灰(氢氧化钙)。落花后 4 周至采果前 3 周，于树冠喷布 0.3%~0.5%的硝酸钙溶液，15 天左右 1 次，连喷 3~4 次；果实采收后用 2%~4%的硝酸钙浸果，可预防贮藏期果肉变褐等生理性病害，增强耐贮性。

5.缺镁

(1)症状。先是新梢基部叶片上出现黄褐色斑点，叶中间区域发生坏死，叶缘仍保持绿色，受害症状逐渐向新梢顶部叶片蔓延，最后出现暗绿色叶片在新梢顶端丛生现象。当叶片中含镁量低于 0.13%时，就可能出现缺镁症状。

(2)矫治方法。通常采用土壤施用或叶面喷施氯化镁、硫酸镁、硝酸镁的方法。每株土施 0.5~1.0 千克氯化镁或硫酸镁或硝酸镁；叶面喷布 0.3%

的氯化镁或硫酸镁或硝酸镁，每年3~5次。

6.缺硼

（1）症状。果实近成熟期缺硼，果实小、畸形，有裂果现象。轻者木栓化，重者果肉变褐。秋季未经霜冻，新梢末端叶片即呈红色。当叶片中含硼量低于10毫克/千克时，就可能出现缺硼症状。

（2）矫治方法。适量增施有机肥，干旱年份注意灌水，雨水过多注意排涝。对缺硼单株和园区，采用土施硼砂、叶面喷硼酸的方法进行矫正。可结合春季施肥，每株成年梨树施100~150克硼砂；或从幼果期开始，每隔7~10天喷施0.1%~0.5%硼酸溶液，一般连喷2~3次，即可收到良好的效果。一般花期喷硼可起到促进受精、提高坐果率的作用。

7.缺铁

（1）症状。多从新梢顶部嫩叶开始发病，初期先是叶肉失绿变黄，叶脉两侧仍保持绿色，叶片呈绿网状，较正常叶片小。随着病情加重，叶片黄化程度加深，叶片呈黄白色，边缘开始产生褐色焦枯斑，严重者叶焦枯脱落，顶芽枯死。当叶片中含铁量低于30毫克/千克时，就可能出现缺铁症状。

（2）矫治方法。休眠期树干注射是防治缺铁症的有效方法。生长季节喷含亚铁离子溶液。为避免药害，防治前最好做剂量试验。

8.缺锌

（1）症状。可导致小叶病，表现为春季发芽晚，叶片狭小，呈淡绿色；病枝节间短，其上着生许多细小簇生叶片。当叶片中含锌量低于10毫克/千克时，就可能出现缺锌症状。

（2）矫治方法。根外喷布硫酸锌是矫治梨树缺锌最常用且行之有效的方法。生长季节，叶面喷布0.5%的硫酸锌；休眠季节，土壤施用锌螯合物，用量为成年梨树每株约0.5千克。

第三节 水分调控

一 水分调节的重要性

1.对生命活动的影响

（1）器官的建造。水是根、茎、叶、花、果实的主要组成部分。梨根、枝梢的含水量为50%~70%，叶片的含水量为70%以上，嫩芽、鲜花的含水量为80%，果实的含水量高达90%。水分供应不足，一切器官建造便失去了基础；但土壤的含水量过大，会因土壤缺氧影响根系吸收作用而阻碍地上部分正常生长发育。

（2）养分的吸收、制造与运输。无机养分只有溶于水，才能被根系吸收运输到各个器官；叶片的光合作用及树体内的同化作用，只有在水的参与下才能进行；树体制造的有机养分，也只有以水溶态才能输送到树体各个部位。没有水，一切代谢过程和生命活动都无法进行。

（3）呼吸、蒸腾作用。在缺水的情况下，气孔关闭，呼吸受阻，二氧化碳不能进入，光合作用难以正常进行。树体依靠水的蒸腾作用维持树体温度，严重缺水时叶片萎蔫，树体温度升高，常造成焦叶、枯梢乃至植株死亡的后果。

2.对产量和品质的影响

花期灌水可预防花期冻害，延长花期，提高坐果率。水分供应正常，能减少生理落果，促进果实细胞分裂和细胞膨大，增加产量。果实近成熟期适度控水，对提高果实品质极为重要。水分严重不足，会引起果实糠化。干旱情况下供水过急常造成裂果。因此，只有在合理供水的情况下，梨栽培才能实现优质、高产的目的。

3.改善梨园环境条件

干旱时灌水能调节土壤温度、湿度，促进微生物活动，加快有机质分解，提高土壤肥力。冬季灌水能提高果园温度和湿度，防止根系、树体受冻。高温季节喷水能降低果园温度，减少蒸腾，防止日灼等灾害发生。

二 灌水时期与方法

1.灌水时期

灌水时期主要取决于树体生长需求和土壤含水量，在保证梨树正常生长的情况下，应尽量减少灌水次数，以免造成水资源浪费。

（1）不同物候期对水分的要求。①萌芽、开花期。此期根系生长、开花、展叶、抽枝需水较多。适时适量灌水对肥料利用、新根生长、整齐开花都有促进作用。花期功能叶的建造、坐果率的提高、幼果细胞分裂等，也需要合理的水分供给。幼果形成于新梢迅速伸长期。新梢、叶片、幼果等生长点多，是需水量最大时期，也是对水分和养分要求最迫切最敏感的时期。一旦出现水分胁迫，即会出现枝梢生长势减退、幼果发育迟缓及落果等现象。一般于开花追肥后浇水即可。②花芽分化期。此时枝叶基本停止生长，只有果实缓慢生长和花芽分化，需水不多，应适当控水。树体含水量适当减少，细胞液浓度大，有利于花芽形成。③果实膨大期。北方梨区一般为7~8月份，此期果肉细胞膨大、花芽形态分化都需要一定量的水分。此期供水应适当、平稳，过多会引起品质下降，过少会造成果实水分向叶片倒流，果个变小。干旱时应缓慢供水，防止裂果。当开始采收时，为提高果实可溶性固形物含量，增进品质，一般不再灌水。④采后和土壤封冻前期。采后结合施基肥灌水，有助于有机质分解，促进根系生长，增强叶片的光合作用。封冻前灌水有利于树体安全越冬。

（2）土壤含水量。树体水分盈亏主要是由土壤含水量决定，土壤水分是否适宜，可根据田间持水量确定。研究表明，土壤含水量达到持水量的60%~80%时，土壤中的水分和通气状况最适宜砀山酥梨生长；当含水量降到持水量的60%以下时，应根据果树生育时期和树体生长状况适时、适量灌水。

(3)树相。各种缺水现象都会在树体上表现出来,特别是叶片,它是水分是否适宜的指示器。缺水时叶片会出现不同程度的萎蔫症状。

2.灌水方法

灌水方法多种多样,应根据地形、地貌、经济条件,选择方便实用、节约用水、效果良好的灌溉方法。灌水要灌透,水泼地皮湿,只会给杂草提供生长条件,并导致盐碱地返碱。

(1)渗灌。由供水站、干管、支管、毛管组成。毛管壁每隔 10~15 厘米四周均匀分布直径为 2 毫米的小孔,将毛管顺行埋入根系集中分布区,深度约为 20 厘米,灌溉水经过滤,在压力下缓慢渗入土壤。渗灌比漫灌节水 70%,比喷灌节水 50%。渗灌供水平稳,不破坏土壤结构,并可防止土壤水、气、热状况大起大落,是一种科学先进的灌水方式,在水源缺乏、经济条件允许的情况下应积极采用。

(2)滴灌。设备组成与渗灌相似,只是三级毛管壁上不设渗水孔,而是连接露于地表的滴头,灌溉水以水滴形式滴入根系分布区。在砀山县良梨镇的调查结果表明,滴灌的砀山酥梨园,根系分支多,须根长,吸收根发达,滴灌促进了枝条生长,提高了叶片质量和果实品质;节水效果明显,对土壤结构无不良影响。

(3)盘灌。地势平坦、水源充足,又无滴灌、渗灌条件的地方,常采用树盘灌水法。在根系集中分布区外围、梨树四周筑埂,用塑料管将水直接注入树盘内。与滴灌、渗灌比,用水量大,土壤易板结,土温降幅大。高温季节用井水盘灌,3~5 天内会对植株生长产生不良影响。清耕梨园灌后应及时中耕,提高地温,减少水分蒸发。

(4)沟灌。在树冠四周或顺行间开浅沟,使水顺沟流淌,向四周浸润,灌后封土保墒。与盘灌相比,土温降幅小,基本不破坏土壤结构,水分的蒸发量少,适宜在灌溉条件差的梨园中应用。

三 水源种类与灌水量

1.水源种类

自然江河水、地表径流蓄积水，含有多种有机质和矿质养分；雨雪水含有较多的二氧化碳和氮类化合物。这些水不但有营养作用，水温还与地温基本相同，只要无污染，是最合适的灌溉水源。井水虽含有一定矿质元素，但在生长季节水温低，会影响梨树生长，在无适宜水源的情况下可以使用。城市生活污水、工厂废水只有净化处理达标后，才可使用。

2.灌水量

（1）浸润深度。梨根系主要分布在60厘米深以上土层中，因此，灌溉水浸湿到地下60~70厘米深即可。

（2）树龄。一般情况下，幼树根系分布范围小，枝叶量小，在同等气候条件下，生长发育的需水量比成龄树少。

（3）物候期。生长前期需水量大，灌水量应达到土壤持水量的80%~90%；果实成熟期，保持土壤持水量的70%即可。

（4）灌水量推算。灌水量可以根据以下公式进行理论推算：灌水量=灌水面积×灌水深度×土壤容重×（灌溉后田间持水量–灌溉前土壤持水量）。不同土壤类型，其容重和含水量不同。

四 节约用水

现如今中国水资源严重不足，梨园灌溉主要依赖地下水，节约水资源已成为当务之急。

1.节水栽培

（1）枝叶量。定植密度越大，枝叶量越大，耗水越多。从稳产、优质、便于管理和节约用水等角度考虑，乔砧梨园枝叶覆盖率以70%~75%、叶面积系数3.5~4.0较为适宜。

（2）整形修剪。冬季锯除多余大枝，疏除纤细枝、密生枝、徒长枝；春季早疏蕾、早疏花、早定果、早除萌。

(3)梨园保墒。通过中耕除草、松土、覆盖等措施,减少地面水分蒸发。

(4)雨雪蓄积。只要不发生涝灾,最大限度地将雨雪拦贮在梨园内,防止地面径流。

2.采用节水灌溉方法

推广应用滴灌、渗灌等节水灌溉方法,减少水资源浪费。

五 防渍排水

当土壤含水量达其持水量的 60%~80%时,土壤中的空气、水分最适宜树体的生长,水分过少、空气过多时,则出现干旱,需灌溉补水。土壤中水分过多,使根系呼吸和吸收作用受到抑制,会导致春季生理落果;夏季枝梢徒长,影响花芽分化;秋季产生裂果、采前落果、果实含糖量降低、叶片发黄早落,甚至烂根死树;土壤通气不良,影响土壤中微生物特别是需氧性微生物活动,降低肥料利用率等不良后果。梨的抗涝能力相对桃、苹果等树种更强,但长时间浸泡亦会发生不同程度的涝害。据经验,以杜梨作砧木的鸭梨可于水中浸泡 10~14 天不死,但 7~10 天的涝水即出现新梢停长、果实滞育变色、叶片枯黄等症状。因此,建园时应充分考虑排水系统的建设。排水方法有明沟排水和暗沟排水 2 种。前者因操作简便、投资少,故多为梨农所接受;后者具排水效果好、不占地、不影响地面耕用等优点,但存在操作费工、投资大,且有沉砂淤泥堵塞及树根长入管内等缺点。

第四节 梨园生草技术

一 梨园生草

梨园生草包括自然生草和人工生草两种措施。

1.梨园生草的作用

改良土壤，调节土壤温度，有利于果园的生态平衡，保肥保水，固沙固土等。

2.生草技术

可采用全园生草和行间生草。自春季至秋季均可播种，一般春季 3~4 月份（地温 15℃以上）和秋季 9 月份最为适宜。可直播和移栽，一般以划沟条播为主。目前人工生草品种主要有白三叶、紫花苜蓿和苕子等（见图 9），播种量为每公顷 15~22.5 千克。为控制草的长势，一般在草高 30~40 厘米时，进行刈割。生草 4~5 年后，应及时翻压，重新播种。

图 9　梨园生三叶草

3.梨园生草的弊端

梨园生草为害虫天敌提供了生长环境，也为有些病虫害提供了越冬场所。全园生草影响了树冠下部的光照条件，有时还会影响果实的外观品质。

二 化学除草

为避免草荒，可采取化学方法进行除草。使用除草剂时应注意人、畜、树的安全，选择无风天气喷药，以免药液触及人体和果树。为提高除草效率，可将内吸与触杀、长效与短效型除草剂混合使用。但大面积、长时间使用化学除草剂，会严重污染地下水和周围的生态环境，因此，应尽量实行人工除草。

第六章 花果管理

第一节 花的管理

一 促进花芽形成的措施

1.平衡肥水，调控树势

根据管理目标，每年生长前期要供给果树充足的肥水，促使新梢健壮生长，创造花芽分化的先决条件。6月份以后，减少氮素施用量，适度补充磷、钾肥。

2.合理负载，适时采收

合理负载对促进花芽的形成有着十分重要的意义，也是避免梨树出现大小年结果的有效措施。

3.保护叶片，增加营养积累

生长季节要控制病虫危害，防止干旱，确保叶片发挥正常功能，促进花芽形成，提高花芽质量。

4.冬剪控势，夏剪促花

休眠期采用小年留花、适当疏枝，大年疏花、适当留枝的修剪方法。夏季修剪采取弯枝和环剥等措施，促进花芽形成。

5.开阔内膛，打开光路

通过整形修剪途径，控制树冠上部枝叶量，疏除树体内膛过密枝，改

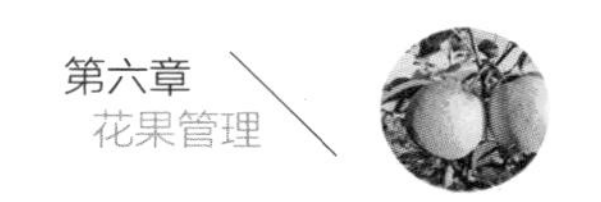

善树冠内膛通风和光照条件。

二 花期管理

1.花前追肥

花前半个月施入以复合肥为主的速效肥，一般成年树每株施肥 0.5~1 千克，树势弱的树可加 1~2 千克尿素，施肥量占全年的 10%~15%。

2.花前复剪

对修剪过轻，留花量较多的梨树应进行复剪，主要是疏除细弱枝、病枯枝、过密枝；根据留果量确定留花量，一般留花量应比预留果量多 1~2 倍，每个果台只留 1 个花芽，疏除过多的花芽。

3.花期防霜冻危害

花期霜冻易造成很大损失，甚至绝收，须做好霜冻预防工作。可采用以下措施：开花前全园灌水；霜冻发生时树冠下喷地下水，行间熏烟。

4.疏花

疏花进行得越早效果越好。一般幼壮树应多留，弱树少留，壮枝多留，弱枝少留，外围延长枝上的花序不留。疏花时应疏掉弱花序、着生在枝杈间将来幼果易受摩擦致伤处的花序以及腋花芽的花序。疏花时应注意：坐果率低的品种应少疏花，花期遇雨和有风害的天气时应少疏花。

5.花期喷硼

于花开 25%和 75%时各喷 1 次 0.3%~0.5%的硼砂溶液加 0.3%~0.5%的尿素。

三 授粉

大部分梨树品种自花不结实，为提高坐果率，定植时需配置足够数量的授粉树。没有配置授粉树，或花期遇到不良天气时，要进行人工辅助授粉。

1.选择授粉品种需注意的问题

授粉品种与主栽品种的花期要基本一致，并能提前1~2天为宜。授粉品种要花粉量大，发芽率高，与主栽品种亲和力良好。授粉品种与主栽品种进入结果期的年限相同，无大小年现象。授粉品种应与主栽品种同样具有较高的商品价值。

2.配置方式

一是不等行配置，主栽品种所占比例较大，授粉品种比例较小。二是中心式配置，以授粉树为中心，其周围定植主栽品种。三是等行配置，栽培品质优良、商品价值高的品种，二者相互授粉。

3.人工辅助授粉

当梨园的授粉树配置不当或遭遇低温、大风、阴雨等不良天气的情况下，为保证坐果，需进行人工辅助授粉。

（1）花粉房的建立。每10公顷面积的果园，需要8平方米的花粉房面积。每10平方米花粉房需有带烟囱的蜂窝煤炉1个或其他增温设备。花粉房要干燥通风。花粉房中配置花粉架，花粉架层间距不小于20厘米。每间花粉房内配置温度计和湿度计各3~4个。

（2）鲜花的采集。最佳时期为“大气球期”，即在花蕾分离膨大但尚未开放之前（一般是花前的1~2天），不可过早，亦不能太晚。

（3）脱花药。利用剥花机或人工取药的方法，获得去除杂质后花药。

（4）花粉的烘制。将花药均匀地撒在花粉盘上，定时翻动花药，使其均匀干燥。花粉房温度控制在20~25℃，严禁超过25℃。相对湿度控制在60%~70%。烘制过程中要注意检查温湿度。花药干燥出花粉后及时下盘，将花粉装入有色大敞口瓶中，放在温度2~8℃、相对湿度为50%的冷凉干燥处贮藏备用。

（5）花粉的贮藏。花粉装瓶，放入干燥器（内有硅胶），外罩黑布，然后置于0℃的冰箱，花粉活力可保持2~3年。

（6）授粉器的制作。用橡皮或泡沫塑料制成的授粉器，也可用鸡鸭绒毛、塑料绒带等制成的授粉器。

（7）授粉方法。目前授粉方法主要有人工点授、掸授法、喷雾法等。梨园花开25%时可以开始授粉，花开50%~60%授粉较佳；在每个花序中，只授从下往上3~5序位的花朵。授粉期间，若遇风雨、沙尘暴等恶劣气候，应重复授粉，并充分利用晚花授粉，以增加坐果量。见图10。

图10 人工辅助授粉

第二节 果实的管理

一 产量管理

1.果实大小

随着市场需求的变化，果个并非越大越好，过大的果实不一定就符合消费习惯。以砀山酥梨为例，其单果重300~350克的果实大小最适宜。

2.产量目标

在正常管理条件下，大部分的梨树产量均较高，为了保证果实的质量，必须制定合理的目标产量。

3.种植密度

根据梨园栽培实际，合理定植密度，维持叶面积系数3.5~4、树冠投影面积占果园面积70%~80%的指标，在提高产量的同时，保持果实质量。

4.科学调控

遵循强枝多留、中庸枝少留、弱枝不留及分布均匀的花芽剪留的原则，确定花芽剪留量。采取人工、机械等方法充分授粉，确保坐果率。科学整形修剪，改善果园光照条件。适量增加有机肥用量，减少化学肥料施用比例。维持相对稳定的产量，防止产量过高或过低。

二 品质管理

1.选择授粉品种

梨树是花粉直感现象较为明显的果树品种，不同品种的花粉给主栽梨授粉时，对其果实的内外品质都有一定的影响，所以必须选择适宜的授粉品种。

2.合理疏果

适宜留果量的确定方法很多，如叶果比法、枝果比法、干周法、截面积法等。以幼果间距离确定留果的方法，一般以大型果25~30厘米、小型果15~20厘米为宜，疏果的开始时间为盛花后4周。为保证果品质量应多保留低序位幼果，疏除病虫果、畸形果及伤残果。

3.加强土肥水管理

加强土壤改良，做到平衡施肥，合理水分管理，特别是园区做到"旱能浇、涝能排"，保持适宜的土壤含水量和果园空气湿度。

4.安全防治病虫害

提高病虫害防治效率预测预报，综合运用农业措施、物理手段、生物方法和化学农药防治病虫害，降低化学农药的使用量，减少农药对果实和环境的污染，提高病虫害防治安全性。

5.科学整形修剪

采取促、控调节方法，均衡树冠上下、内外生长势，减小树冠内不同部位的果实品质差异，提高优质果率。改善园区和树体光照条件，提高果实品质。选择壮枝结果。

三 大小年

调控梨树进入盛果期后，留果过多或肥水供应不足，易出现大小年结果现象。防止和克服大小年的措施，一是加强土肥水管理，二是通过修剪进行调整。大年树的修剪主要是控制花果数量，留足预备枝。小年树的修剪要尽量多留花芽，少留预备枝，以保证小年的产量。同时缩剪枝组，控制花芽数量。

四 果实套袋

1.果袋种类

现在生产上使用的纸袋种类繁多，有单层袋、双层袋，有上蜡袋、不上蜡袋等；果袋颜色有白、黄、蓝、棕、黑、褐等各种颜色；材料有纸质、薄膜、泡沫塑料、毛纺布等，并依据梨果大小制成各种规格的果袋。在使用的时候，可根据不同品种选择果袋。具体选择哪种纸袋、规格，应视主栽品种、生产效果及经济情况而定。

2.套袋技术

(1)套袋时间。套袋时间与果点和果锈形成关系密切。过早套袋，果肉硬度增大，操作也不方便；过晚套袋，对克服果点和果锈效果欠佳。一般花后 20~40 天内完成梨果套袋为宜。

(2)套袋前处理。套袋前结束疏果工作。套袋前 1~2 天喷 1 次杀虫、杀菌剂。若喷药后没能及时套袋，套袋时需补喷药剂。

(3)套袋方法。套袋时将袋口撑开，托起袋底，使底角的通气、放水口张开。手执袋口下 2~3 厘米处将果实装入袋内，使梨果悬空在袋内，防止果袋擦伤幼果出现锈斑。然后从中间向两侧依次按“折扇”的方式折叠袋口，将捆扎丝撕开并反转，在袋口下2.5厘米处旋转1周。袋口绑扎不能太紧，也不能太松，太紧会绞伤果柄，造成幼果枯死；过松纸袋下滑，幼果易被风吹落。

（4）套袋后管理。定期检查袋内果实，一般每周检查1次，如发现1%袋内果实有病虫危害时，应全树喷有内吸和熏蒸作用的农药。危害严重时，解袋喷药，然后再将原袋套上。

五 采收标准

采收是梨园管理的最终目的，做好采收工作是丰产、丰收的必要保障，同时也可为今后的贮藏、营运奠定基础。生产中由于采收不当，影响收益甚至造成“烂库”的现象并不罕见，所以应引起足够重视。一般果树学上将果实的成熟度分为3级，分别如下：

（1）可采成熟度果实的个体发育已经完成、已基本成熟，但果肉较硬、含糖量低、淀粉含量较高，该品种所应有的香气、风味等尚未完全表现出来。适宜于长期存贮。

（2）食用成熟期果实已达成熟，果肉变松脆、含糖量增加、淀粉含量下降，且表现出应有的风味、香气等，食用品质达到最佳。适宜于上市销售或短期存贮。

（3）生理成熟度果实从生理上表现出充分成熟，果皮变黄、果肉变软发“糠”，品质下降，食用和商品价值降低或失去。

第七章 整形修剪

第一节 枝条类型

一 营养枝

只着生叶芽，萌发后只能抽梢长叶，未结果的发育枝称为营养枝。营养枝具有辅养树体、扩大树冠的作用，并且能够形成结果枝。依枝龄分为新梢、一年生枝、两年生枝和多年生枝。

二 结果枝

1.结果枝组的类型

（1）按枝组分枝数量分类。可分为大、中、小3种类型。大型枝组有15个以上分枝，寿命长，但结果晚；中型枝组有6~15个分枝，比大型枝组结果早；分枝在2~5个之间的叫小型结果枝组，这种枝组结果较早，但寿命短。

（2）按枝组内分枝特点分类。可分为短枝型枝组和中枝型枝组。短枝型枝组是由短果枝果台副梢反复结果、抽生，逐年形成的，这类枝组在盛果期以后多见。中枝型枝组是由中、长果枝发展而成的，这类枝组枝轴较长，果台副梢分生数量少而长，比较稀疏，枝组内具备长、中、短3种果枝。

（3）按枝组在骨干枝上着生的位置分类。可分为背上、背下、侧生 3 类枝组。背上枝组要严加控制，一般以短轴类型为主；背下枝组多为长放类型，枝组较大，应及时回缩更新；侧生枝组长势中庸，结果可靠，应着重培养利用。

2.结果枝组的培养方法

梨树结果枝组的培养主要有“先截后放”和“先放后截”2 种方法。

（1）先截后放。一般用于大中型结果枝组的培养，对发育枝进行短截后使发分枝，长放促花，并对强壮直立枝辅以摘心、拉枝等项技术手段，待成花结果、生长势缓和后再进行回缩，以培养成永久性结果枝组。如疏散分层形侧枝的大中型枝组的培养大都采用“先截后放”的方法。

（2）先放后截。适用于各类枝组的培养。将有扩展空间的发育枝进行长放，待其结果后，再回缩，一般常用于幼旺树的枝组培养。

另有“连续回缩”培养结果枝组的方法，主要用于对辅养枝的处理。随着树体各主枝或永久性结果枝组的不断发育，辅养枝的发展空间越来越小，可连续回缩，最后培养成大中型结果枝组。而对果台副梢一般采用长放的方法，以培养小型结果枝组。

3.结果枝组的配置

结果枝组必须合理配置，遵循“多而不挤，疏密适度，上下左右，枝枝见光”的原则。

（1）留量。因品种、株行距、树龄树势的不同，结果枝组的留量也不尽相同。一般每立方米树冠体积留 10~12 个结果枝组。其中小型结果枝组 5~6 个，中型结果枝组 3~4 个，大型结果枝组 1~2 个。

（2）分布。树冠下部多而大，上部少而小；内部多，外部少。主枝前部少而小，中后部多而大；背上多而小，背下少而大，两侧大而多。角度开张、层间大者多而大，小者少而小。

（3）配置。分布在树体各部位的结果枝组，应是大、中、小枝，长、短枝条和直立侧生、下垂枝，合理搭配。一般以中结果枝组为主，大结果枝少，小结果枝组补空隙，呈现枝多而不乱，枝枝见光，错落有致。

第二节 修剪方法

一 抹芽、刻芽

(1)抹芽。也称为除萌。在春季将骨干枝上多余的萌芽抹除。

(2)刻芽。也称为目伤。春季萌芽前,在枝条或芽的上方 0.5 厘米处用刀横割呈月牙形伤口,深达木质部,从而刺激芽子萌发抽枝的方法称为刻芽。

二 疏剪

将一年生枝条或多年生枝从基部全部剪除或锯掉称为疏剪。疏剪主要是去除影响光照的过密大枝、交叉枝、重叠枝、竞争枝以及没有利用价值的徒长枝、病虫枝、枯死枝、衰弱枝和过多的弱果枝等。

三 短截

按短截的程度可以分为轻短截、中短截、重短截和极重短截 4 种。

(1)轻短截。仅剪去枝条的顶端部分,大约截去枝条全长的 1/4。一般剪口选留弱芽或次饱满芽。

(2)中短截。在一年生枝中部的饱满芽处剪截,截去枝条全长的 1/4~1/2。中短截加强了剪口以下芽的活力,从而提高萌芽率和成枝力,促进生长势。

(3)重短截。在枝条下部或基部次饱满芽处剪截,剪去枝条的大部分,为枝条全长的 1/2~3/4。由于剪去的芽多,使枝势集中到剪口芽,可以促使剪口下萌发 1~2 个旺枝及部分中短枝。

(4)极重短截。在枝条基部轮痕处剪截,剪口下留弱芽或芽鳞痕,促使隐芽萌发。剪后一般萌发 1~2 个中庸枝，能够起到削弱枝条生长势、降低枝位的作用。

四 回缩

回缩也称缩剪，缩剪可以改变枝条角度，限制枝组的生长空间，减少枝条生长量，增强局部枝条的生长势，调节枝组内的枝类组成，减少营养消耗，保证营养供应，促进成花结果。

五 缓放

对一年生发育枝不进行剪截处理，任其自然生长称为缓放，也称甩放或长放。缓放多应用在幼树和旺树的辅养枝上。由于缓放没有剪口的刺激作用，可以减缓顶端优势，使枝条长势缓和，促进萌芽率的提高，增加中短枝比例，促进花芽形成，对促进旺树、旺枝早成花和早结果有良好效果。

六 拉枝

拉枝是指用绳或铁丝将角度小的骨干枝或大辅养枝拉开角度，使主枝角度开张至 70°左右，辅养枝角度开张至 80°以上，以达到整形和早果丰产的要求。

七 摘心

生长季节，在尚未木质化或半木质化时，把新梢顶端的幼嫩部分摘除叫摘心。摘心能抑制新梢旺长，减少养分消耗，削弱枝条生长势，促进分枝，增加枝条密度，培养结果枝组，促进花芽形成。对果台枝摘心还具有提高坐果率和减轻生理落果的作用。

八 环剥与环割

（1）环剥。在枝干上按一定宽度用刀剥去1圈环状皮层称为环剥。一般环剥口以枝干粗度的1/10左右，以20~30天愈合为宜，强旺枝可略宽。环剥时注意切口深度要达到木质部，但不要伤及木质部。多雨的季节，剥口应包裹塑料布或牛皮纸，加以保护。

（2）环割。环割是在枝干上横割1圈或数圈环状刀口，深达木质部但不损伤木质部，只割伤皮层，而不将皮层剥除。环割的作用与环剥相似，但由于愈合较快，因而作用时间短，效果稍差，主要用于幼旺树上长势较旺的轴养枝、徒长旺枝等。

第三节 常见树形

一 疏散分层形

干高60~80厘米，树高3米左右，全树配备5~6个主枝，下层3个或4个，上层2个。第1层主枝，一般配备3个侧枝，第1侧枝距主干40厘米以上为宜，第2侧枝与第1侧枝相距40~50厘米，第3侧枝与第2侧枝对生，距离可增大到60厘米以上，但各侧枝之间忌交叉重叠；第2层主枝，一般只配备2个侧枝，第1侧枝距主枝30~40厘米为宜，第2侧枝距第1侧枝距离可适度加大；2层主枝之间的距离以1.2~1.6米为宜，且每个主枝与主干的角度以60°~70°为宜。

二 纺锤形

干高50~70厘米，树高3米左右，在中心干不配备主枝，而是直接培养10~14个“小主枝”，且不分层。每个结果枝轴之间的距离以20~30厘米(同侧面枝相距以 60 厘米)为宜,与中心干的着生角度为 70°~80°。其上亦不再配备侧枝,而是直接培养结果枝组,大量结果树势缓和后落头。该树形与疏散分层形的区别在于:主枝或结果枝轴数量多,不分层,无侧枝。

三 开心形

1.树体的基本结构

树高 4~5 米,冠径 5 米左右,干高 40~50 厘米。树干以上分成 3 个势力均衡、与主干延伸线呈 30°角斜伸的主枝,因此也被称为“三挺身”树形。三主枝的基角为 30°~35°,每主枝上,从基部起培养背后或背斜侧枝 1 个,作为第 1 层侧枝,每个主枝上有侧枝 6~7 个,成层排列,共 4~5 层,侧枝上着生结果枝组,内侧仅能留中、小枝组。该树形骨架牢固,通风透光,适用于生长旺盛、直立的品种,但幼树整形期间修剪较重,结果较晚。

2.整形方法

定植后留 70 厘米定干。第 1 次冬剪时选择 3 个角度、方向均比较适宜的枝条,剪留 50~60 厘米,培养成为 3 条主枝;第 2 年冬剪时,每条主枝上选留 1 个侧枝,留 50~60 厘米短截,以后照此培养第 2、3 层侧枝。整个整形过程中要注意保持三条主枝势力均衡。

四 “V”形

1.树体的基本结构

无中干,干高 50~60 厘米,两主枝呈“V”形,主枝上无侧枝,其上培养小型侧枝和结果枝组,两主枝夹角为 80°~90°。

2.整形方法

该树形要求定植壮苗,定干高度 70~90 厘米,定干后第 1~2 芽抽发的新枝,开张角度小,其下分支开张角度大,可以培养为开张角度大的主枝,在生长季中,开张角度小的可疏除。第 2~3 年冬剪时,主枝延长枝剪

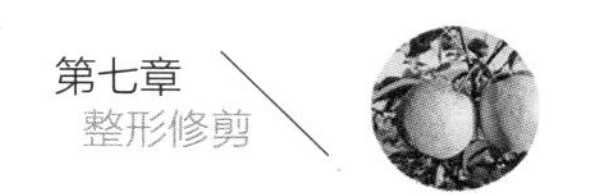

去 1/3,夏季注意疏除主枝延长枝的竞争枝等。第 4 年对主枝进行拉枝开角,并控制其生长势,生长季节对旺长枝进行疏除,扭枝抑制生长,形成短果枝和中果枝。第 5 年树形基本完成,主枝前端直立旺盛,徒长枝少,短果枝形成合理。

第四节　幼树整形修剪

幼树整形修剪重点应以培养骨架、合理整形、迅速扩冠占领空间为目的,在整形的同时兼顾结果。幼龄梨树枝条直立,生长旺盛,顶端优势强,很容易出现中干过强、主枝偏弱的现象。修剪的主要任务是,控制中干过旺生长,平衡树体生长势力,开张主枝角度,扶持培养主、侧枝,充分利用树体中的各类枝条,培养紧凑健壮的结果枝组,早期结果。苗木定植后,首先依据栽培密度确定树形,根据树形要求选留培养中干和一层主枝。为了在树体生长发育后期有较大的选择余地,整形初期可多留主枝,主枝上多留侧枝,经 3~4 年后再逐步清理,明确骨干枝。对其余的枝条一般尽量保留,轻剪缓放,以增加枝叶量,辅养树体,以后再根据空间大小进行疏、缩调整,培养成为结果枝组。选定的中干和主枝,要进行中度短截,促发分枝,以培养下级骨干枝。同时,短截还能促进骨干枝加粗生长,形成较大的尖削度,保证以后能承担较高的产量。为了防止树冠抱合生长,要及时开张主枝角度,削弱顶端优势,促使中后部芽萌发。一般幼树期第 1 层主枝的角度要求在 40°~50°。修剪时注意幼树期要调整中干、主枝的生长势力,防止中干过强、主枝过弱,或者主枝过强、侧枝过弱。对过于强旺的中干或主枝,可以采用拉枝开角、弱枝换头等方法削弱生长势。

第五节　成龄树的修剪

一　初果期的修剪

梨树进入初结果期后，营养生长逐渐缓和，生殖生长逐步增强，结果能力逐渐提高。修剪时首先对已经选定的骨干枝继续培养，调节长势和角度；带头枝仍采用中截向外延伸，中心干延长枝不再中截，缓势结果，均衡树势；辅养枝的任务由扩大枝叶量、辅养树体，变为成花结果、实现早期产量。培养结果枝组，大、中、小型结果枝组要合理搭配，均匀分布，使整个树冠圆满紧凑，枝枝见光，立体结果。

二　盛果期的修剪

进入盛果期后，树体结构已基本稳定，产量显著提高，随着枝梢的分枝级次不断递增，枝量进一步增大，易发生树冠郁闭，造成结果部位的外移；同时，由于树势衰缓，短枝量增加，如管理粗放，易因花芽过多、结果超量而造成“大小年”现象，且果实品质明显下降。而梨树的盛果期相当长，一般可达 70~80 年之久，所以此期的修剪与维护是相当重要且漫长的。主要技术措施：疏枝透光，疏外养内，枝组更新复壮。

三　衰老期的修剪

梨树进入衰老期，生长势减弱，外围新梢生长量减少，主枝后部易光秃，骨干枝先端下垂枯死，结果枝组衰弱且失去结果能力，果个小，品质差，产量低。因此，必须进行更新复壮，恢复树势，以延长盛果年限。通过重剪刺激，可以萌发较多的新枝用来重建骨干枝和结果枝组。严重衰老时，需加重回缩，刺激隐芽萌发徒长枝，一部分连续中短截，扩大树冠，培

养成骨干枝，另外一部分截缓并用，培养成新的结果枝组。一般经过 3~5 年的调整，即可恢复树势，提高产量。

第六节　高接换优树的修剪

高接树一般按照原树形整形，常用的有开心形、小冠疏层形和纺锤形。第 1 年冬剪轻剪多留枝，主侧枝延长枝适度短截，其余枝条除过密的疏除外，全部保留不动，以增加树体营养面积，尽快恢复根系和树冠，利用腋花芽及早投产，以后每年冬剪再逐步清理多余的枝条。高接树新梢直立生长明显，角度偏小，应采用拉枝、拿枝、别枝等方法，调整枝条角度和方位，拉枝以春秋两季为宜，操作时用力均匀，切忌生拉硬碰硬拽劈裂接口。

第七节　树体改造技术

一　改造树体结构要求

针对老果园通风透光较差的大树，如砀山酥梨，开展树体结构改造，达到“阳光果园”要求。改造后树体，固定主枝 5~6 个，第 1 层 3~4 个，第 2 层 2~3 个，上层冠幅小于下层冠幅的 1/3，清理层间辅养枝，树高控制在 4 米左右，双层开心。

二　具体改造方法

1.疏缩结合

缩疏上层，上层主枝数量多于 4 个，且超过下层主枝长度 1/3，2 年内实行疏除及回缩大手术。上层主枝逐步固定 2~3 个,长度小于下层主枝的 1/3,打开上层光路。

2.清理层间

对层间距小于 1.5 米的挡光辅养枝及残桩进行彻底疏除。

3.压低背上枝

对背上大而直的枝组,本着压低背上、促进两侧、放大背后的原则,将直立枝组改为斜立或疏除,改善内膛光照。

4.回缩主枝

行间、株间主枝已交接的,选留好延长头进行回缩,保证了行间 1.5~2 米的光路。

通过调整后的梨园梨树,基本做到层层风光、枝枝见光、内外见光的树体结构。

三 枝组的培养

对于改造后的树体,枝组的培养是每年冬剪的重点。

1.调整花芽留量

花芽是结果的基础,花少影响产量,花多又造成营养浪费,为此修剪前对梨园梨树认真调查,制定修剪方案,保证每株优质的花芽 800~1000 个(如砀山酥梨成年大树)。

2.枝组分布

通过逐年调整,主枝前后以偏斜生中、小枝组为主,中部以中、大型枝组为主,加大主干枝的尖削度。同时,逐渐清除主枝背下的弱小枝组。

3.采用单轴延伸修剪技术

(1)捋。对枝组延长头轻剪,捋顺。2~3 年延长头衰弱后,回缩至方向相对一致的斜背上旺枝或壮芽作延长头,捋顺营养运输渠道,始终保持枝组生命力旺盛。

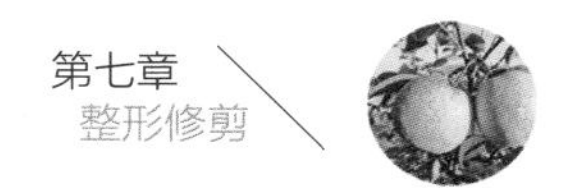

（2）疏。疏除细弱枝或过密枝，采用疏剪、重剪、破果台剪相结合，刺激萌发剪口芽，以形成下年的花芽或短果枝。

（3）靠近。回缩为主，以靠近结果母枝为目的，达到缩短营养运输途径，提高营养的有效利用率，减轻大风对果实的危害。

第八章 病虫鸟害绿色综合防控

第一节 防治方法

一 农业措施

加强梨园田间管理，增强梨树对病虫害的抵抗能力，可有效降低病虫害危害程度。

1.增强树势

采取平衡施肥尤其是适当增施有机基肥，适时、适量灌水，合理负载等措施，能促进梨树健壮生长，提高梨树对病虫害的抵抗能力。

2.科学修剪

科学修剪能改善梨园和树冠内膛的光照和通风条件，不同程度地减轻病虫危害。

3.越冬管理

保持梨园内良好的卫生条件，能够减少梨病虫害寄生或越冬场所，达到降低病虫基数的作用。在梨树落叶后，清扫落叶、刨翻树盘、刮树皮等是防治梨病虫害经济有效的措施。见图 11。

4.其他管理

脱毒苗木，防止检疫对象入侵，栽植与梨有同源病虫的作物时与梨保持安全距离，等。

图 11　冬季刮树皮

二 物理手段

根据害虫的生活习性，运用物理手段防治病虫害，是一种安全、可靠的病虫害防治方法。

1.灯光诱杀

根据害虫的趋光性，用频振式灭虫灯等诱杀害虫。

2.胶带阻隔

一般在主干离地面 30 厘米处缠绕宽 15~20 厘米的不干胶带，将蚱蝉等从土壤或根部向树上转移的害虫阻隔于树下。

3.性诱剂诱杀

根据有些害虫具有趋化性，用性诱剂、糖醋液等诱引害虫。这种方法对梨小食心虫、多种卷叶蛾、桃蛀螟等有较好的杀灭效果。

4.果实套袋

果实套袋不仅可以改善果实外观品质，还可以防止多种食心虫、卷叶虫、蝽象、梨黑星病、轮纹病等的危害。

5.人工捕虫

有些害虫有群集性、假死性等特殊的生活习性，如金龟子、梨茎蜂有假死性，梨木虱春季多集中在未展开的幼叶中，茶翅蝽、梨实蜂等成虫早晚不善活动，振枝即落地，等。可根据害虫的这些活动规律，适时进行人工捕杀。

三 生物方法

生物防治是利用生物或生物的代谢产物来控制病虫害的措施。

1.保护和利用天敌

常见的梨害虫天敌昆虫有寄生性和捕食性两大类。寄生性天敌昆虫有寄生蜂和寄生蝇，如赤眼蜂、壁蜂等；捕食性天敌昆虫有花蝽、瓢虫、草蛉、食蚜蝇和捕食螨等。

2.应用昆虫性外激素

昆虫性外激素是指雌成虫分泌的用来引诱雄性昆虫前来交配的化学物质，这种物质现已能够人工合成。在果树上应用较多的有梨小食心虫性外激素。

3.生物农药

主要有昆虫病原真菌、昆虫病原细菌、昆虫病毒、昆虫病原线虫和杀虫抗生素等，其中，以杀虫抗生素应用最为广泛。杀虫抗生素多数为链霉素的代谢产物，对昆虫和螨类有很强的致病和毒杀作用。

四 化学防治

化学农药防治梨病虫害常用的办法有喷雾、喷粉、涂干和地面施药。

1.预测预报

预测预报是病虫害防治的基础，对化学防治病虫害尤为重要。通常是根据历年病虫的发展规律、当年的气候条件以及田间调查的结果，预测当年病虫害的发生情况，并通过有效途径，及时、准确地将预测信息传递给果农。

2.科学防治

（1）选择合适的施药部位。根据害虫的发生和危害习性，选择合适的施药部位,可以有效地防治害虫、保护天敌和减少农药的使用量。

(2)选择适宜的喷药时间。选择病虫生命活动的薄弱环节或对药剂敏感期,充分利用害虫天敌大量出现期一般都较害虫的发生盛期晚的特性,选择适宜的喷药时间。

(3)化学农药的交替使用。多种农药的交替使用,不仅可以延缓病虫抗性的产生,而且在一定程度上可以提高农药的防治效果。

(4)农药的混配使用。农药混配主要是为了节省劳动力成本,常采用的有杀虫剂与杀菌剂混用、杀虫剂与杀螨剂混用以及杀螨剂与杀菌剂混用等方法。并非所有农药都能混合使用,因此,在农药混合使用前一定要进行试验。

(5)农药和肥料混合使用。在喷洒化学农药时加入适量的速效性化肥,达到既能防治病虫害又能起到根外追肥的目的,节省劳动力成本。常与农药混合施用的肥料种类有硼肥、锌肥、钙肥、铁肥、尿素、磷酸二氢钾等。

第二节　田间病害防治

一　梨黑星病

梨黑星病又称疮痂病、梨雾病、梨斑病,各地均有发生。该病为梨树主要病害,常造成生产上的重大损失。梨黑星病发病后,引起梨树早期大量落叶,幼果被害呈畸形,不能正常膨大,同时病树第 2 年结果减少。

1.危害症状

(1)枝干。多发生在徒长枝幼嫩组织上。初期病斑椭圆或圆形,淡黄色,微隆起,表面有黑色霉层,后期病斑凹陷、龟裂呈疮痂状。

(2)芽鳞。幼芽鳞片茸毛较多,后期产生黑霉,严重时芽鳞开裂枯死。

(3)叶片。先在叶背面的主脉和支脉之间出现黑绿色至黑色霉状物，不久在霉状物对应的正面出现淡黄色病斑，严重时叶片枯黄、早期脱落。叶脉和叶柄上的病斑多为长条形中部凹陷的黑色霉斑，严重时叶柄变黑，叶片枯死或叶脉断裂。叶柄受害引起早期落叶。

(4)花。花萼和花梗基部可呈现黑色霉斑，叶簇基部也可发病，引起花序和叶簇萎蔫枯死。

(5)果实。初期果面出现淡黄色斑点，呈圆形或不规则形，条件适合时病斑上长满黑霉；条件不适合时呈绿色斑，称为“青疔”。幼果受害呈畸形、开裂、早落。成长期果面病斑为圆形，凹陷，黑褐色表面木栓化、开裂。成熟果实受害，病斑淡黄绿色，稍凹陷，上生稀疏的霉层。

2.侵染过程

一般年份，梨上的黑星病以分生孢子和菌丝在芽鳞、病叶、病果和病枝上越冬，翌年春天温、湿度适宜时，残存的越冬分生孢子和病部形成的分生孢子，借风雨传播危害。在秋季多雨，冬季温暖、潮湿的年份，也可以子囊壳越冬，被砂壤土掩埋 1~2 厘米深或寄生在水渠两旁的病残物，最容易形成子囊壳。子囊孢子于第 2 年梨花盛开前后释放，降雨可促进子囊孢子的大量释放，侵染叶片。枝条上的黑星病斑越冬后不再产生孢子，不能成为梨黑星病的初侵染源。梨黑星病菌的分生孢子在落叶上越冬，在低温条件下可以长时间存活，在-8.3~14.2℃的情况下，经过 3 个月仍有一半具有生命力。高温、高湿的冬季不利于孢子越冬。

3.发生条件

(1)寄主抗性。以中国梨最易发病，中国梨中又以白梨系统最易发病，日本梨次之，西洋梨较抗病。砀山酥梨、鸭梨等品种比较易感病。

(2)环境因素。降雨早、雨日多、雨量大，该病就提早流行。梨树过密或枝叶过多也会加重病情。地势低洼，树冠茂密，通风不良，树势衰弱，易发病。

(3)病原因素。前 1 年发病重、田间菌量多的田块，发病重。

4.防治措施

(1)农业防治。秋末冬初清扫落叶,清除病枝病果。春天和发病初期,及早摘除发病花序以及病芽、病梢等,防止病害蔓延,这一措施在连年发病较重的梨园内尤为重要。合理整枝修剪,增施有机肥料,排除田间积水,可增强树势,提高抗病力。

(2)化学防治。使用的药剂有12.5%特谱唑(唏唑醇)可湿性粉剂2500倍液,40%福星乳油8000倍液,12%腈菌唑乳油2000倍液,10%苯醚甲环唑(世高)水分散粒剂5000倍液。以上药剂都是防治梨黑星病的有效药剂,可与80%大生可湿性粉剂、波尔多液等药剂交替使用。

二 梨轮纹病

梨轮纹病又称梨轮纹褐腐病、粗皮病、瘤皮病等,俗名水烂,该病分布广泛,发生普遍。

1.危害症状

(1)枝干。春季,病斑以受到侵染的枝干皮孔为中心开始扩大,树皮上产生近圆形或不规则暗褐色、水渍状小病斑,直径0.3~2.0厘米,中心突出1个瘤状物,边缘龟裂,形成一道环缝与健康树皮分离。第2年病斑上即可长出黑色点状分生孢子器,病变组织逐渐翘起并脱落。在负载过重、施肥不足、生长势弱的树体枝干上,病斑密集,成片的病死组织深达木质部,阻断枝干养分的输送,造成枝条枯死,严重削弱树势。

(2)叶片。病斑近圆形,有明显同心轮纹,褐色。后期色泽较浅,有黑色小粒点。

(3)果实。果实受到病菌侵染后,病菌经过一定时间的潜伏,以皮孔为中心形成水渍状的褐色小斑点,并很快向四周呈同心轮纹状扩大,颜色淡褐色或红褐色。病斑在常温下扩展迅速,几天内即可使全果腐烂,并发出酸臭味,外表渗出黄褐色黏液。后期病斑中部散生黑色小点状的分生孢子器,病果失水干燥成为黑色的僵果。这一现象常出现在接近成熟期或在自然温度下贮藏的后期。

2.侵染过程

病原以菌丝体、分生孢子器及子囊壳在病部越冬,第2年梨树发芽时继续扩展侵害梨树枝干。病原经雨水飞溅或流淌而传播到其他部位,从皮孔侵入,引起初次侵染。病原侵入后在果皮附近组织内潜伏。果实未成熟,菌丝发育受到抑制,外表不表现症状。果实成熟或采收后症状陆续出现。

3.发生条件

(1)品种因素。品种间抗病力有明显差异,主要与品种的皮孔主组织结构有关。

(2)气候条件。降水量和降水时间的长短与侵染率之间呈极显著正相关。果实生长前期,如降水次数多,发病高峰出现就早,后期发病就重。降水不仅影响病菌孢子的释放,而且也决定分生孢子在果面凝结水中存在的时间长短、孢子的发芽率和芽管侵入的时间。当气温在20℃以上,相对湿度在75%以上或降雨量达10毫米时,或连续下雨3~4天,病害传播快。

(3)栽培因素。梨轮纹病是一种寄生性很弱的病菌,因此衰弱的植株、老弱枝干,补栽尚未旺盛生长的梨树均易感病。果园管理粗放、负载量过大、施肥不当、果园内长期渍水、叶片早落等均会诱发该病严重发生。

4.防治措施

(1)检疫。新建果园时,应进行苗木检验,防止病害传入。苗木出圃时必须进行严格的检验,防止病害传到新区。

(2)农业防治。适当增施有机肥,提高土壤有机质;合理负载;改善树冠通风、透光条件,降低树冠内的湿度;增强树势,提高树体抗病能力。这些是防治梨轮纹病的基础。结合冬季修剪,清除树上病僵果、患病枝条、干桩和园中残叶,并运到距离梨园30米以外处理。刮除树干或大枝上的轮纹病瘤、病斑,刮到露白为止,刮除的树皮均要集中销毁或深埋。也可在病部或病瘤群集处涂抹2%农抗120原液,或对1~3倍水的石硫合剂残渣，均有较好的防治效果。

（3）化学防治。冬剪后在病组织上喷涂杀菌剂，并进行全园树干涂白。套袋前先喷1次菌立灭2号或1:3:200倍波尔多液。病斑刮净后，涂抹托布津油膏有明显的治疗效果。另外，用5波美度石硫合剂涂抹也有较好效果。发芽前喷1次0.3%~0.5%五氯酚钠和3~5波美度石硫合剂混合液或单用石硫合剂。生长期适时喷波尔多液、锌铜波尔多液。常用药剂还有80%代森锰锌可湿性粉剂1000倍液、70%甲基硫菌灵可湿性粉剂1000倍液、10%苯醚甲环唑（世高）水分散粒剂2500倍液等。喷药的时间是从落花后10天左右开始，到果实膨大结束为止。

（4）贮藏。在温度0~5℃的条件下贮藏，可基本控制轮纹病的扩展。防治措施：一是清除入窖果实病原；二是彻底清洁果窖；三是冬季防鼠；四是采果入窖时轻摘、轻搬、轻放、轻入窖，尽量避免果实机械伤；五是使用25%使百克水剂600倍液浸果。

三 梨黑斑病

梨黑斑病各地分布普遍，发病后引起大量裂果和早期落果，造成很大损失。

1.危害症状

侵害梨的叶片、新梢、花及果实。

（1）枝干。新梢病斑黑色，椭圆形，稍凹陷，后期变为淡褐色溃疡斑，与健部分界处产生裂纹。

（2）叶片。初为针头大小黑色的斑点，后呈近圆形或不规则形，中心灰白色，边缘黑褐色，微带有淡紫色轮纹。潮湿时病斑表面遍生黑霉。病斑相互融合成不规则的大病斑，生有黑霉，引起叶片早落。

（3）果实。初在幼果面上产生黑色圆形针头大斑点，逐渐扩大成近圆形或椭圆形，略凹陷，表面遍生黑霉。果实长大时果面发生龟裂，裂隙可深达果心，在裂缝内也会产生很多黑霉，病果早落。

2.侵染过程

病菌以分生孢子及菌丝体在病枝、病芽、病叶或病果上越冬。翌年春天产生分生孢子，借风雨传播。分生孢子在充分湿润条件下萌发，穿破寄主表皮，或通过气孔、皮孔侵入寄主组织，实现初次侵染。以后新老病斑上又不断产生新的分生孢子而发生再侵染。

3.发生条件

(1)发生时期。4 月下旬叶片开始出现病斑，5 月中旬随气温增高，病斑逐渐增加，6 月至 7 月初进入发病盛期。

(2)品种因素。日本梨系统的品种易感病，西洋梨次之，中国梨较抗病。

(3)气候条件。温度和降雨量与病害的发生和发展关系密切。分生孢子萌发的最适宜温度为 25~27℃，在 30℃以上和 20℃以下则萌发不良。分生孢子的形成、萌发与侵入，除温度条件外，还需要雨水。因此，气温在 24~28℃，同时连续阴雨，有利于黑斑病的发生与蔓延。如气温在 30℃以上，并连续晴天，则病害停止扩展。

(4)树势。树龄在 10 年以内，树势健壮的，发病较轻。

(5)栽培因素。肥料不足，或偏施氮肥，排水不良，修剪整枝不合理，植株过密，均有利于此病的发生。

4.防治措施

(1)农业防治。首先做好清园工作。另外，可在果园内间作绿肥或增施有机肥料，做好开沟排水工作，在历年黑斑病发生严重的梨园，冬季修剪宜重。果实套袋，也有良好的防病效果。

(2)化学防治。在初现病叶和雨季到来之前，结合防治其他病害连续喷药 4~6 次，可基本控制梨黑斑病的发生。药剂可选择 1:2:(160~200)波尔多液、80%大生 M45 可湿性粉剂 800 倍液、80%乙膦铝可湿性粉剂 600 倍液。落花后至梅雨期结束前，要喷药保护，前后喷药每隔 10 天左右，共喷 7~8 次。果实套袋前必须喷上述药剂 1 次，喷后立即套袋。

四 梨腐烂病

梨腐烂病又名臭皮病，分布广泛，以侵害主枝和较大的侧生枝组为主，严重时多年生结果枝组也发病。当病斑环绕整个主枝时，即造成死亡。

1.危害症状

（1）枝干。病部呈水渍状，不规则形，手按有红褐色液体流出，有酒糟味。以后病斑渐渐干缩凹陷，表面出现小黑粒点，空气潮湿时，其中涌出橘黄色的丝状物。病状仅发生在树皮表层（形成层不致受害），只有极少数易感病的梨品种能烂透树皮。还有一种症状为枝枯型，多发生在极度衰弱的梨树小枝上，病斑形状不规则，边缘不明显，扩展迅速，很快包围整个枝干，使枝干枯死，并密生黑色小粒点。

（2）果实。病斑圆形，褐色至红褐色软腐，后期中部散生黑色小粒点，全果腐烂。

2.侵染过程

梨树腐烂病菌是一种寄生性很弱的真菌，病菌只能从梨树表面伤口如冻伤、剪口、昆虫伤以及其他机械伤口等入侵已死亡的皮层组织。病菌在树皮内越冬，气温升高时开始扩展，产生的分生孢子随风雨传播，经伤口侵入树体。病菌具有潜伏侵染特点，病菌只有在侵染点周围树皮组织衰弱或死亡时，才容易扩展发病。一般先在落皮层部位开始扩展，形成表层溃疡，然后在春秋两季向健康树皮上扩展，形成春秋两次发病高峰。

3.发生条件

（1）发生时期。有 2 个高峰，春季盛发，夏季停止扩展，秋季再次活动。夏季树皮产生落皮层至落皮层组织上，出现新的病变，但危害较春季轻。

（2）品种因素。西洋梨发病较重。

（3）土质。泡沙土的梨园，一般发病较重，青沙土的梨园发病轻。

（4）栽培因素。结果盛期管理不好，水肥不足所导致的树势衰弱，是发病的主要诱因。

(5)树体。7年以上的结果树及老树发病较重。病斑以在第1次及第2次分枝的粗干上发生为多，一般多在西南向，并且多数在枝干向阳的一面。树干分叉的地方也是容易发病的部位。

4.防治措施

(1)农业防治。增强树势，防止受冻。合理负担，增施肥水，注意增施磷肥、钾肥和微量元素肥料。避免和保护伤口，防治枝干害虫。冬季日照强地区，入冬前刮净的腐烂病皮部应涂上白涂剂。6—8月份用锋利刮刀将树干病皮表层刮去，一般要刮去1毫米表层活皮，到露出白绿色健皮为止，注意要刮净病变组织。对枝杈等树皮较薄部位要细心刮，防止刮透树皮。

(2)化学防治。较大的锯口要削平，然后涂桐油、清漆或托布津油膏、S921抗菌剂等保护。在刮除主干、主枝上病组织及粗皮后，对主干和大枝基部喷5%菌毒清水剂200倍液，或1~3波美度石硫合剂。需注意防止药液伤害叶片，采果后，于晚秋冬初再喷1次药。发病初期，在病斑较小时及时刮治，刮后涂抹药剂，用5~10波美度石硫合剂。

五 梨锈病

梨锈病又称赤星病、羊胡子，发生普遍，是梨树重要病害，严重年份个别梨园梨树感病品种的病叶率在60%以上。梨锈病的病原为转主寄生的锈菌，转生寄主为桧柏、欧洲刺柏、圆柏、翠柏和龙柏等，其中以桧柏和龙柏最易感病。

1.危害症状

梨锈病主要危害梨叶片和新梢，严重时也能危害幼果。

(1)叶片。开始在叶正面发生橙黄色、有光泽的小斑点，数目由1个到数十个不等，以后逐渐扩大为近圆形的病斑，病斑中部橙黄色，边缘淡黄色，最外圈有黄绿色的晕，病斑直径0.4~0.5厘米，大的可达0.7~0.8厘米。病斑表面生出橙黄色针头大的小粒点，即病菌的性孢子器。天气潮湿时，其上溢出淡黄色的黏液，即大量的性孢子。黏液干燥后，小粒点变为黑色。病斑组织逐渐变得肥厚，叶片背面隆起，并在隆起部位长出灰黄色的毛状物，此为病菌的锈孢子器。1 个病斑上可产生 10 余条毛状物。锈孢子器成熟后，先端破裂，散出黄褐色粉末，即病菌的锈孢子，病斑以后逐渐变黑，叶片上病斑较多时，往往造成叶片早期脱落。

（2）果实。幼果上发病，初期症状与叶片上的相似，病部稍凹陷，橘黄色，后呈褐色，中心密生橘黄色小点，后变为黑点，周围丛生灰白色毛状锈孢子器。病果生长停滞，往往畸形早落。见图 12。

（3）枝干。新梢、果梗、叶柄受害时病部稍肿起，初期病斑上密生性孢子器，以后在同一病部长出锈孢子器，最后病部龟裂，引起新梢枯死、落叶和落果。

图 12　梨锈病（左：危害叶片；右：危害果实）

2.侵染过程

梨锈病需要在两类不同寄主上完成其生活史，在梨等第 1 寄主上产生性孢子器即锈孢子器，在桧柏、龙柏等第 2 寄主上产生冬孢子角。在转生寄主桧柏等植物上，锈菌初在针叶、叶腋或小枝上产生黄色斑点，以后稍隆起。次年春季，隆起逐渐明显，病菌突破表皮，长出圆锥形或楔形、直径 0.1~0.3 厘米的红褐色角状物，即冬孢子角。梨锈病以多年生菌丝体在桧柏等病部组织中越冬。一般在 3 月中下旬开始显露冬孢子角，冬孢子角吸收雨水后膨胀，冬孢子在适温和潮湿条件下迅速萌发，产生有隔膜的担子，并在其上形成担孢子，随风飞散，传播的距离在5千米以内。在梨树发芽、展叶、落花、幼果形成这段时间，担孢子散落其上，在适宜条件下萌发产生侵染丝，直接侵入表皮组织内，经6~10天，叶正面出现橙黄色病斑，产生性孢子，背面产生锈孢子。

3.发生条件

（1）品种因素。梨树的不同品种对梨锈病抗病性差异很大。砀山酥梨是易感梨锈病的品种。

（2）叶龄。叶片生长在3周以上，病原不能侵染。

（3）转生寄主。没有转生寄主，病原就不能完成其生活史循环，病害也就不能发生。

（4）气候。病菌一般只能侵染幼嫩组织，当梨芽萌发，幼叶初展时，如果正值多雨天气，温度适宜，冬孢子萌发，就会有大量的担孢子分散。同时风力的强弱和方向也影响担孢子的传播。冬孢子萌发盛期在4月上中旬，常与梨盛花期一致。冬孢子成熟程度与温度也有密切关系，3月上中旬若气温高，冬孢子成熟就早。如冬孢子成熟后，梨树还没有发芽，则梨树感病机会减少。冬孢子膨胀萌发需要雨水，如果梨树发芽、展叶期间雨水多，冬孢子大量萌发则当年锈病发生严重。所以2—3月份的平均气温和3月下旬至4月下旬的雨水是影响当年梨锈病发生轻重的重要气候因素。

4.防治措施

（1）农业防治。砍除梨园周围5千米以内的桧柏、龙柏等转生寄主植物，消灭初侵染来源，是防治梨锈病最有效的措施。

（2）化学防治。对不能砍除的桧柏等梨锈病转生寄主植物，要在春季冬孢子萌发前及时剪除病枝并销毁，或喷1次3~5波美度石硫合剂，抑制冬孢子的萌发。在发病严重梨园，于落花展叶后喷2次15%粉锈宁可湿性粉剂1500倍液或12.5%特谱唑可湿性粉剂2500倍液，以防止担孢子的侵染。

六 梨根朽病

根朽病主要危害梨、苹果,也危害桃、杏等。

1.危害症状

(1)根系。主要危害梨根茎部和主根,并沿主干和主根上下扩展,造成环割而使植株枯死。病部韧皮部与木质部之间充满白色至淡黄色扇形菌丝层,新鲜菌丝层在暗处发蓝绿色荧光,腐烂皮层有蘑菇味。高温多雨季节,病树根茎部常丛生出黄色蘑菇状的子实体。

(2)叶片。危害地上部,使局部或全株叶片变小变薄,自上而下黄化以致脱落。

(3)果实。新梢变短,易结果,但果实变小、品质变差。

2.侵染过程

病菌以菌丝体和菌索在土中的病残组织上越冬。以菌索蔓延侵染,菌索从小根、大根及根茎部的伤口侵入。菌索穿透皮层组织,使大块皮层死亡剥离,并在髓部形成黑线。该病主要发生在老梨园更新后定植的梨树上,病组织在土壤中传播的距离有限,感病根通过伤口侵染健康根。梨园内一般是零星单株发病,危害却很严重,能直接造成植株死亡,且多为盛果期大树。发病单株从最初发病、根茎部腐烂至全株死亡需 2~3 年时间。

3.发生条件

(1)土壤。沙质土壤和肥水条件较差的梨园易发病。土壤长时间高温高湿,发病加重。

(2)气候。长时间干旱可以抑制病菌在根部的扩展。集中降雨期,是根朽病侵染和扩展的主要时期。

4.防治措施

(1)农业防治。雨后及时排除梨园积水,改良土壤,合理修剪,调节果树负载量,增强树势。梨树砍伐更新时,要清除残根,轮作其他作物 2~3

年后再定植梨树。尽早挖除重病树，清理残根，并对病树穴内土壤进行消毒处理。

（2）化学防治。及时发现和治疗初病植株，于秋季进行扒土晾根；刮除病斑，并涂抹波尔多液或石硫合剂原液加以保护；对病根周围的土壤进行消毒处理，消毒药剂可选择50%代森锌可湿性粉剂400倍液、1%~2%硫酸铜溶液等。

七 梨紫纹羽病

紫纹羽病是一种主要危害根系的病害，一旦发生，危害性大。紫纹羽病除危害梨外，还危害苹果、桃、葡萄以及杨树、刺槐等。一般在树龄较大的老果园发病较重。

1.危害症状

（1）根系。细支根先发病，逐渐扩展至主根、根茎，病根表面缠绕紫红色网状菌丝，后期表面着生紫红色半球形菌核。病根皮层腐烂，木质朽枯，栓皮呈鞘状套于根外，捏之易碎裂，烂根具浓烈蘑菇味。

（2）叶片。病株叶片变小、黄化，早落。

（3）植株。病树生长缓慢，树势衰退。随病情发展，枝梢顶端开始枯死，终至全株死亡。病情严重的植株遇久雨转晴时，常出现叶片突然萎垂状。苗木一旦受害，很快就会枯死。

2.侵染过程

病菌以菌丝体、根状菌索或菌核在病根或土壤中越冬。根状菌索和菌核能在土壤中存活多年。环境条件适宜时，从菌核或菌索上长出菌丝，遇到寄主的根时即侵入危害。先侵害细根，后逐渐延及粗根。病菌虽能产生担孢子，但寿命较短，散发后对传病作用不大。有病苗木调运是远距离传播此病的重要途径。刺槐是紫纹羽病的重要寄主。

3.发生条件

（1）土壤。在带菌土壤中育苗或栽培果树易发生根部病害。

（2）伤口。根部受伤是加重病害的重要因素。

(3)栽培因素。不良的土壤管理是诱发根病的重要因素。

4.防治措施

(1)农业防治。避免在梨园周围和梨园中种植刺槐,增强和稳定树势,开沟排水。紫纹羽病在土壤中主要以根状菌索进行传播,在果园初见病株时,应开沟封锁。对病情严重的植株要尽早挖除,挖出的病残根要全部烧毁,并对病穴土壤进行消毒处理。

(2)化学防治。对地上部生长不良的梨树,每年的4—5月份和9月份应扒土晾根,并刮除病部和涂药。对病部周围的土壤,每株可灌注药液50~75千克。药剂可选择70%甲基托布津可湿性粉剂1000倍液、50%代森铵水剂500倍液、硫酸铜溶液200倍液。

八 梨干枯病

梨干枯病又名胴枯病,可以造成梨树枝干树皮坏死,导致枝干死亡。

1.危害症状

(1)枝干。苗木发病时,在茎干树皮表面开始出现褐色圆形斑点,略具水渍状,以后逐渐扩大成椭圆或不规则形状,暗褐色,多深达木质部。病皮内层呈暗褐色,微湿润,质地较硬。病部失水后,逐渐干缩下陷,病健交界处龟裂,病斑表面长出许多细小、黑色粒点,即病菌的分生孢子器。当凹陷病斑大小超过茎干粗1/2以上时,病部以上枝条逐渐死亡。大树发病时,在主干和大枝上产生褐色凹陷小病斑,以后逐渐扩大为红褐色椭圆形或方形病斑,病健交界处形成裂缝。病皮下具黑色子座,顶部露出表皮,降雨时间长,可从中涌出乳白色丝状孢子角。

(2)果实。病菌也可侵染果实,是果实腐烂的重要病原之一,后期被侵染的果实可在贮藏期发病。

2.侵染过程

病原菌以菌丝体和分生孢子器在发病部位越冬,春天降雨时分生孢子器涌出分生孢子,借风雨传播。菌丝体在温度适宜时,继续活动,造成病斑扩展。春、秋季病斑扩展较快,夏季高温时扩展很慢。

3.发生条件

(1)树势、树龄。生长势衰弱和树龄较大的树上发病较重,生长旺盛的枝干即使被病菌侵染,病斑也不扩展,甚至可以自行痊愈。梨干枯病菌主要危害10年生以下枝干。

(2)土肥水管理。土质贫瘠、肥水不足、地势低洼、排水不良、负载过大及发生严重冻害后的梨园树发病较重。

(3)伤口。修剪过重,伤口过多加重病害发生。

4.防治措施

(1)农业防治。加强树体综合管理,复壮树势。结合冬剪,去除病枯枝,集中销毁。

(2)化学防治。结合刮除病斑,选择腐必清、灭腐灵和843康复剂等药剂进行防治。

九 梨煤污病

梨煤污病是梨树重要病害,病斑用手擦不掉。

1.危害症状

主要寄生在梨的果实或枝条上,有时也侵害叶片。

(1)枝干。新梢上产生黑灰色煤状物。

(2)果实。果面病斑不规则,黑灰色,果皮表面附着一层半椭圆形黑灰色霉状物,有小黑点。初期病斑颜色较淡,与健部分界不明显,后期色泽逐渐加深,病健界线明显。

2.侵染过程

菌丝生长和孢子萌发适宜温度为20~25℃,低于15℃或高于30℃生长缓慢,萌发率低或不能萌发。病原以分生孢子器在梨和其他植物的果实、枝条上越冬,第2年晚春随风雨、昆虫传播到幼果上,形成侵染和再侵染。

3.发生条件

（1）发生时期。6—8 月份开始发病。

（2）气候条件。夏季雨水多，发病急剧增加。

（3）栽培因素。低洼积水、枝徒长、通风透光差发病重。树膛外围或上部病果率低于内膛和下部，梨木虱等危害重，易诱发煤污病。

4.防治措施

（1）农业防治。冬季落叶后结合修剪，剪除病枝集中烧毁，减少越冬菌源；改善梨园群体和个体光照，增强树势，提高树体抗病能力；有效控制蚜虫或蚧壳虫等虫害；雨季及时排除梨园积水，降低果园湿度。

（2）化学防治。在发病前喷 80%大生 M45 可湿性粉剂 800 倍液。在发病初期可喷 70%甲基托布津可湿性粉剂 1200 倍液，或 77%可杀得可湿性粉剂 500 倍液。间隔 10 天左右喷 1 次，共喷 3~4 次。

十 梨锈水病

1.危害症状

（1）枝干。主要危害梨树骨干枝，枝干发病初期症状较隐蔽，外表无病斑，皮色正常。中后期可在病树上看到从皮孔或伤口渗出铁锈色小水珠，但枝干仍无病斑。此时，如用刀削开皮层，可见病皮下已呈淡红色，并有红褐色小斑或血丝状条纹，腐皮松软充水，有酒糟味，内含有大量的细菌。细菌积少成多，继而从皮孔、伤口大量渗出无色透明的汁液，2~3 小时后汁液变为乳白色、红褐色，最后转为铁锈色，汁液有黏性，风干后凝成角状物。

（2）果实。梨锈水病也可危害果实，病果早期症状不明显，或只在果实表皮上出现水渍状病斑，病斑后转呈青褐色或褐色，果肉腐烂成糨糊状，有酒糟味，病腐果汁液经太阳晒后呈铁锈色。

（3）叶片。叶片被害，先发生青褐色水渍状病斑，后变成褐色或黑色病斑，形状不一，在病叶叶脉和叶肉组织内，含有细菌。

2.侵染过程

病原细菌潜伏在梨树枝干的形成层与木质部之间的病组织内越冬，至翌年4—5月再行繁殖，从病部组织内流出锈水，通过雨水和蝇类昆虫传播，经伤口侵入果实，梨小食心虫的蛀孔为该病菌主要的侵入途径。叶片感染主要由枝干锈水及自然滴落的软腐果实汁液，经昆虫和雨水传播，通过气孔和伤口侵入。

3.发生条件

（1）品种因素。梨树的不同品种对锈水病的抗病性差异很大。

（2）气候。高温高湿，利于发病。

（3）树势。树势弱、初结果的果树，发病较重。

4.防治措施

（1）农业防治。适当增施肥料，及时排灌，合理修剪，促使枝干生长健壮。加强对蛀果害虫的防治，减少由它们引起的软腐病果。刮除病皮清除菌源。

（2）化学防治。早春花开前，刮除病皮、病斑，喷5波美度石硫合剂或用5%菌毒清水剂100~200倍液喷枝干。5月上中旬发病初期用5%菌毒清水剂100~200倍液喷枝干或灌根。果树生长季节6—9月份发现该病，刮除病皮后用5%菌毒清水剂30~50倍液涂抹病斑2~3次，隔7~10天1次。

十一 梨炭疽病

梨炭疽病又称苦腐病，发生普遍，引起果实腐烂和早落，对产量影响较大。

1.危害症状

（1）枝干与果台。梨炭疽病菌多发于生长衰弱或组织不充实的枝干，初期形成深褐色的小斑点，逐渐发展成长为椭圆形或长条形的病斑。病斑中部干缩凹陷，病部皮层与木质部逐渐枯死，最后导致枝干枯死。果台发病多从顶端开始，病部呈深褐色，从顶端向下蔓延，危害严重时果台抽不出副梢或死亡。

（2）叶片。梨炭疽病菌最初在叶片正面形成褐色近圆形的小病斑，之后逐渐变成灰白色，常有同心轮纹。病斑发生较多时，相互连接成不规则状的褐色斑块。随着病害不断发展，在病斑上形成黑色的分生孢子盘。病害发生严重时，往往会引起叶片大量脱落，导致二次开花。

（3）果实。果面出现浅褐色水浸状小圆斑，后病斑渐扩大，色泽变深，软腐下凹，表面颜色深浅交替，有明显同心轮纹。温暖高湿，表皮涌出粉红色黏质物。果实病部呈圆锥形向果心深入，整个果实腐烂或干缩为僵果。

2.侵染过程

病原以菌丝体在僵果或病枝上越冬，翌年条件适宜时借风雨或昆虫传播进行初侵染和多次再侵染。多以越冬病原为中心，向下呈伞状扩展蔓延，有分片集中现象。

3.发生条件

（1）气候条件。气温高于 22℃、相对湿度大于 75%，或降雨达 10 毫米，或连续降雨 3~4 天时，病害传播最快，发病亦较重。一般在 4—5 月份多阴雨的年份，发病早。6—7 月份阴雨连绵，发病重。

（2）土壤。地势低洼，土质黏重，排水不良，发病重。

（3）栽培因素。肥水管理不良或果园郁闭时发病较重。

4.防治措施

（1）农业防治。消灭越冬病源。多施有机肥，改良土壤，增强树势；对低洼果园雨季及时排水；合理修剪，及时中耕除草。在疏果后果实锈斑出现前进行果实套袋为宜。

（2）化学防治。春季萌芽前，喷 5 波美度石硫合剂或五氯酚钠 150 倍液以消灭越冬病原。套袋前应喷 1 次高效杀虫杀菌剂如菌立灭水乳剂 2 号 600~800 倍液等杀菌剂。5 月中下旬梨果膨大期开始，每 15 天左右喷 1 次药，直到采收前 20 天止，连续喷 4~5 次。雨水多的年份，喷药间隔期缩短些，并适当增加次数。药剂可用25%溴菌清可湿性粉剂400倍液，或50%苯菌灵可湿性粉剂1000倍液，或1:2:200波尔多液，或70%甲基托布津可湿性粉剂800倍液，或70%代森锰锌可湿性粉剂1200~1500倍液等。

第三节 贮藏期病害防治

一 梨果软腐病

梨果软腐病一般在梨果贮藏后期，窖内温度升高、梨果生理机能衰退时发生。

1.症状

被侵染初期，果实表面出现浅褐色至红褐色圆斑，逐渐扩展成黑褐色不规则软腐病斑。高温时5~6天可使全果软腐。在病部长出大量灰白色菌丝体和黑色小点，即病原菌的孢子囊。

2.病原及发病规律

梨果软腐病菌是弱寄生菌，主要通过伤口侵入，梨果在采收、运输、进窖及果实翻动时产生的伤口多少是造成梨果软腐病发生轻重的关键因素。3—4月份是该病集中发生期。

3.防治方法

（1）采收后选用25%使百克乳油1000倍液等浸果，铲除侵染源。

（2）果实入窖时，严格剔除有虫伤、机械伤的果实。果实在窖中翻动时，尽量避免造成果实伤口。

二 梨青霉病

主要在梨果贮藏的高温期出现，是砀山酥梨贮藏期常见的病害之一。

1.症状

果实被侵染初期，在果面伤口处，出现淡黄色或黄褐色圆形病斑，扩大后病组织呈水渍状，软腐下陷，呈圆锥状向心室腐烂呈泥状，腐烂果肉有特殊的霉味。病部长出青绿色霉状物，即病菌的分生孢子梗和分生孢子。

2.病原及发病规律

梨青霉病菌由空气传播，寄主广泛，病菌来源广，分生孢子随病残体在贮藏场所越冬。主要从果实的各种伤口侵入危害。一般情况下，贮藏温度高或果实衰老期发病较重。

3.防治方法

（1）降低采收后侵染。采收、包装、运输、贮藏多个环节，均应避免果实产生伤口，减少病菌侵入的途径。

（2）贮果前，用硫黄粉加适量木屑燃烧熏蒸果窖或贮藏库。100 立方米的果窖或贮藏库，用硫黄粉 2~2.5 千克，点燃后封闭 48 小时，然后充分通风、启用。

（3）浸果。果实入窖前用 25%使百克乳油 600 倍液浸果。

三 梨果柄基腐病

1.症状

主要症状是从果柄基部开始产生褐色或黑色溃烂病斑，进而使果实腐烂。该病有 3 种类型，即水烂型、褐腐型和黑腐型，其中以褐腐型居多，其次是黑腐型。3 种烂果类型常混合发生。

2.病原及发病规律

梨果柄基腐病是由多种病原菌混合侵染而致，果柄与其他物体互相撞击、采收时拉拽造成果柄基部果肉内伤，是诱发致病的主要原因。贮藏期果柄迅速失水干枯往往加重发病。

3.防治方法

（1）果实采收或采后处理时，尽量不拉拽果柄；贮藏时最好将果柄轻轻剪去，防止果柄互相撞击，减轻果柄基部果肉内伤。

（2）贮藏时湿度保持在90%~95%，防止果柄失水干枯。

（3）入窖前用药剂液洗果。

四 梨黑皮病

1.症状

主要症状是果皮表面产生不规则黑褐色斑块，重者病斑联结成片，甚至蔓延到整个果面，而果皮下的果肉正常，不变褐、不变苦，基本不影响食用，但影响果实外观及商品价值。

2.病原及发病规律

梨黑皮病的发生是由梨果在贮藏前期产生的有害物质在果面积累所致的。到贮藏中后期，这些有害物质伤害果皮表层细胞，造成黑皮病的发生。有害物质积累得越多，黑皮病发生越重。果实采收后不能及时进入温度较低处预冷，而是堆放在露天，或梨果预贮期温度过高，都容易诱发黑皮病。

3.防治方法

（1）适时采收，采后及时进入库房预冷，避免果实经受风吹、日晒和雨淋。

（2）用0.1‰虎皮灵药液浸过的药纸包果贮藏，可显著减轻病害发生。

五 梨果冷害

1.症状

主要症状为果肉组织失水坏死，呈水渍状腐败。同时，可诱发果实所携带的青霉菌、交链孢菌侵染发病，加快果实腐烂。

2.病原及发病规律

发病的主要原因是贮藏场所温度过低。特别是未经过预冷的梨果进入冷库后，降温速度过快，可加重冷害发生程度。梨果在贮藏期可耐 0℃温度，如温度再低，果肉细胞水分就会逐渐结冰。结冰时，首先是细胞间隙的水分结冰，当温度继续下降，冰晶就会逐渐增大，不断吸收细胞内的水分，并刺破细胞壁，直至引起细胞原生质发生不可逆转的凝固，使果肉坏死、腐败。此外，梨果入库急剧降温，从 20℃以上直接进入 5℃以下的库房，很容易引起果实黑心症状，这也是一种冷害。

3.防治方法

（1）果实入窖降温不要过急。

（2）贮藏期库内温度不要低于 0℃，库房内温度分布均匀，防止局部地方温度过低发生冷害。

六 梨果发糠

1.症状

主要症状是果实经过一段时间的贮藏后，果肉失水发糠。特别是对于砀山酥梨，一旦果实发糠，砀山酥梨就失去了酥脆多汁的特点。失水发糠症状从近果皮处向内蔓延，果肉不变色，但品质大大下降。大部分发糠果实果皮会出现 0.3~0.5 厘米深的凹陷。

2.病原及发病规律

梨果发糠症状多发生在采摘较晚，平均单果较重，采收前天气干旱，树体负载量过大，氮肥施用过多或缺钙的果园果实中。经多年观察，该症状不是真菌或细菌等病菌引发的病害，而是因栽培管理不当引起的生理反应。

3.防治方法

（1）合理负载，防止果实过大。

（2）适时采收。

(3)增施有机肥，适当补充钙肥；适时灌水。

第四节 虫害防治

一 梨小食心虫

梨小食心虫又名桃折梢虫，简称梨小，属鳞翅目小卷叶蛾科害虫。主要危害梨、桃、苹果、李、杏、梅、山楂等。幼虫除危害梨果外，还可危害桃、苹果及樱桃的嫩梢。

1.危害症状

前期幼虫危害桃、苹果、杏等嫩梢，多从顶端第 2、3 节叶片的叶柄基部蛀入，在枝条髓部向下蛀食，蛀孔处有虫粪和胶液，最后导致新梢折断、下垂、干枯。幼虫危害梨果多从果实梗洼、萼洼或 2 个果接触处蛀入。幼果被害时，入果孔较大，有虫粪排出，入果孔周围变黑、腐烂、凹陷。后期果实被害，入果孔较小，孔口周围绿色，幼虫直向果心蛀食，虫道中有丝状物，果形不变。

2.形态特征

(1)成虫。体长 4.6~7 毫米，翅展 10.6~15 毫米。全体灰黑色，无光泽。头部具有灰褐色鳞片，唇须向上弯曲。前翅灰褐色、无紫色光泽(苹小食心虫前翅有紫色光泽)，前缘有 10 组白色短斜纹，中室处有 1 个白斑点，这是本种的显著特征。

(2)卵。椭圆形，扁平，中央稍隆起。卵刚产下时淡黄色，三四天后变成乳白色，即将孵化时变为银灰色。

(3)幼虫。老熟时体长 10~13 毫米，初孵化时白色，淡红色至橙红色，头部黄褐色。两侧有深色云雾状斑块，前胸背板黄褐色。腹足趾钩 30~40 根，臀栉有 4~7 刺。

（4）蛹。长 6~7 毫米，黄褐色，复眼黑色，第 3~7 腹节背面有 2 行较整齐的刺点。

3.发生规律及习性

在不同地区因为气候的差异，梨小食心虫发生代数也不相同，华北地区一年 3~4 代，黄河故道地区一年 4~5 代，长江流域和四川等地一年 5~6 代。越冬场所一般在树根裂缝、树干基部土缝处，其中尤以树干基部和主干老翘皮下越冬数量较多。

梨小食心虫各形态历期为：卵 4~9 天，幼虫 10~14 天，蛹 7~15 天，成虫 2~9 天。完成 1 代共需 23~46 天。梨小食心虫成虫产卵最适温度为 24~29℃，相对湿度为 70%~100%。越冬代成虫产卵期，晚上 8 时温度低于 18℃时产卵量减少，高于 18℃时产卵量增多。

4.防治方法

首先在果园规划时避免梨、桃混栽，防治方法可以概括为“挖、刮、诱、剪、摘、放、保、药”八字方针。

（1）挖、刮、诱结合。冬季落叶后至翌年 3 月上旬，认真做好以下工作：深挖树盘，刮树皮，生长季应用灭虫灯、糖醋液、性引诱剂等诱杀成虫。

（2）剪虫梢，摘虫果。认真细致地剪除桃及苹果的虫梢和虫果，可以控制第 2 代虫的数量，压低第 3 代成虫在梨果上的产卵量。

（3）释放天敌，保护利用天敌。梨小食心虫的天敌很多，有赤眼蜂、白茧蜂、扁股小蜂、纵条小卷蜂等 10 余种天敌昆虫，其中赤眼蜂已可大量人工饲养、释放。

（4）药剂防治。选用低残留、对天敌杀伤力小的农药，在成虫产卵及幼虫未入果前喷药防治。药剂有 25%灭幼脲悬浮剂 3 号 800 倍液，20%杀灭菊酯乳油 2500 倍液，2.5%高效氯氟氰菊酯（功夫）水剂 3000 倍液，1%甲维盐乳油 2500 倍液，等。

二 梨木虱

梨木虱属同翅目木虱科害虫，是危害梨面积最大、最普遍的害虫之一。梨木虱食性单一，主要危害梨树，以成虫、若虫刺吸梨的芽、叶、嫩梢的汁液，也可危害梨果。

1.危害症状

春季若虫多集中在梨树新梢、叶柄及未展开的幼叶内危害，夏、秋季则多在叶片上危害。受害叶脉扭曲，叶面皱缩，产生枯斑，并逐渐变褐变黑，提前脱落。若虫在危害时分泌大量蜜露，常使叶片粘在一起或叶片与果实粘连，诱发煤污病，污染叶片和果实。

2.形态特征

（1）成虫。分冬型和夏型 2 种。冬型体长 2.8~3.2 毫米，灰褐色，前翅和后缘臀区有明显的褐斑；夏型体长 2.2~2.9 毫米，绿色至黄绿色，翅上无斑纹，头与胸等宽，成虫胸背均有 4 条红黄色或黄色纵条纹。静止时，翅呈屋脊状叠于身体上。

（2）卵。越冬成虫产的卵为长椭圆形，黄色或橘黄色，长 0.3 毫米。夏季产的卵为乳白色，一端钝圆并有 1 个刺状突起，以便将卵固定于梨叶面上，另一端尖细，延长成一根长丝。

（3）若虫。初孵若虫扁圆形，体型小，活泼，爬行快。第 1 代初孵若虫体色淡黄，复眼红色，夏季各代若虫为绿色，晚秋末代若虫为褐色。若虫经 4 次蜕皮羽化为成虫。2 龄若虫最活泼，爬行最快。3 龄若虫翅芽增大呈褐色。

3.发生规律及习性

梨木虱在安徽砀山地区一年发生 5 代，以成虫在梨树的枝条、裂缝、剪锯口、落叶、杂草及土壤缝隙中越冬。砀山酥梨盛花期是当年第 1 代若虫孵化盛期。第 2、3、4 代若虫主要在新梢上、自己分泌的蜜露中或潜入蚜虫危害造成的卷叶内危害。卵期 7~10 天，若虫期平均 24 天。越冬后第

1代成虫出现在5月中旬，第2代成虫在6月上旬，第3代成虫多集中出现在7月上旬，第4代成虫出现在8月初，当年第5代即越冬型成虫于9月中下旬出现。成虫的发生基本上是每月1代。梨木虱自第2代成虫羽化起发生严重的世代重叠。当年危害的重点时期为5月下旬至6月下旬，进入7月下旬以后由于雨水增多，虫口数量有所下降。梨木虱的发生与温度和降雨有密切关系，在高温干旱的年份或季节发生较重，反之，雨水多、气温低则危害较轻。

4.防治方法

防治梨木虱重点应放在前期。

(1)人工防治。一是冬、春季清洁果园；刮树皮；结合施肥，将落叶杂草集中清理，同肥料一起深埋。二是在第2代若虫期，集中3~4天时间，摘除背上枝及外围新梢叶片尚未充分展开的顶部，立即深埋。此时，60%以上的未停止生长的新梢有梨木虱，90%左右的梨木虱都集中在这个部位。这个时间摘除新梢顶部，不影响梨树生长发育，防治效果较好。

(2)生物防治。梨木虱的天敌种类很多，据观察主要有花蝽、寄生性蜂、中华草蛉、瓢虫、蓟马、肉食性螨等。其中，以寄生性蜂及瓢虫对其抑制作用最大。在早春和6—7月份，正常情况下可不喷药剂，依靠梨园的瓢虫、花蝽及寄生性蜂等天敌可控制梨木虱的种群数量。

(3)化学防治。化学防治有3个关键时期：一是3月中下旬，即越冬成虫的产卵盛期，防治对象为梨木虱越冬成虫及其产下的卵。二是落花末期，是当年第1代若虫1~3龄期，防治对象为越冬后第1代低龄若虫。三是落花后1个月，防治对象是当年第1代成虫。这3个时期集中、科学防治，可大大减轻中后期的防治压力。药剂可选择4.5%高效氯氰菊酯乳油1500倍液、2.5%溴氰菊酯乳油2500倍液、1.8%阿维菌素乳油5000倍液、10%吡虫啉可湿性粉剂2500倍液。对于梨木虱黏液很多的梨园可选择喷布5000倍碱性洗衣粉液、3%草木灰浸取液、200倍的石灰水溶液等，效果显著。

三 梨茎蜂

梨茎蜂又名梨折梢虫、切芽虫,属膜翅目茎蜂科害虫,是梨园中一种常见害虫。

1.危害症状

在新梢长至6~7厘米时,成虫产卵时用锯状产卵器在梨新梢4~5片叶处锯伤嫩梢,再将伤口下方3~4片叶切去,仅留叶柄。几天后锯断的梨新梢干枯,幼虫孵化后在残留的小枝橛内蛀食。锯口以下新梢变为黑褐色,髓部充满虫粪并有1头幼虫。

2.形态特征

(1)成虫。体长约10毫米,翅展13~16毫米,体黑色,有光泽;翅透明,触角丝状,黑色;足黄色;雌虫产卵器锯状。

(2)卵。长椭圆形,长约1毫米,白色。

(3)幼虫。长约10毫米,头部淡黄色,体黄白色,稍扁平,头胸下弯,尾部上翘,胸足小,呈"S"状。

(4)蛹。长7~10毫米,初化蛹时为乳白色,复眼赤褐色,后期蛹渐变为黑色。

3.发生规律及习性

梨茎蜂一年发生1代。多以老熟幼虫在被害枝越冬,次年3月上旬化蛹,4月初羽化。梨树开花期成虫羽化,盛花后10天为产卵盛期,幼虫孵化后在枝条内向下蛀食,到6—7月份蛀入两年生枝段后结茧越冬。梨茎蜂成虫有假死性,但无趋光性和趋化性。

4.防治方法

(1)人工防治。该虫一年仅发生1代,蛀食及越冬部位都在被害梢内,而且被害梢上端枯萎,极易识别。在开花以后的半个月内,在梨园内巡查,及时剪除虫、卵的枯萎梢,具有良好的防治效果。此外,冬剪时若能认真剪除虫梢则效果更好。

(2)化学防治。化学防治的主要对象是成虫。在当年越冬代成虫的羽化盛期喷药防治,但此时一般正值开花盛期,为了不影响坐果,喷药时间可依具体情况提前或推迟。此外,为了提高防治效果,提倡连片集中喷药防治,以达到群防群治的目的。防治的药剂可选择2.5%高效氯氰菊酯乳油1500倍液或20%杀灭菊酯乳油2000倍液等。防治卵与幼虫,一般在落花后15天选择内吸性杀虫剂进行喷药防治。药剂主要有10%吡虫啉可湿性粉剂2500倍液等。

四 梨二叉蚜

梨二叉蚜属同翅目蚜虫科,除春季危害梨外,夏季以狗尾草及茅草等作为第2寄主。

1.危害症状

梨二叉蚜只在春季危害梨树新梢叶片,以大量若虫、成虫群居于梨叶正面,刺吸幼嫩叶片汁液,并分泌大量黏液。因梨二叉蚜吸食汁液先从叶片主脉开始,所以受害叶片一般向正面卷曲成筒状,即使无蚜虫后叶片亦不能展开。

2.形态特征

(1)成虫。无翅胎生蚜,体长约2毫米,绿色,被白色蜡粉。复眼红褐色,背中央有1条绿色纵带。有翅胎生蚜,体略小,长约1.5毫米,前翅中脉分二叉,故得名。

(2)卵。椭圆形,长约0.7毫米,蓝黑色。

(3)若虫。无翅,绿色,体较小,形态与无翅胎生雌蚜相近。

3.发生规律及习性

一年发生10多代,以卵在梨树芽腋或小枝缝隙处越冬。翌年梨芽萌动时越冬卵开始孵化,初孵若虫群集于芽露白处危害,待梨芽绽开时钻入芽内,展叶期集中到嫩叶,此时繁殖迅速,危害最重。落花后15~20天开始出现有翅蚜,5—6月间大量迁飞离开梨园,转移到狗尾草和茅草上,6月中旬以后梨树上基本绝迹。9—10月份又产生有翅蚜飞回梨树上危害、繁殖,在梨叶上繁殖几代后产生有性蚜,经过交配产卵越冬。梨二叉蚜属于迁移性蚜虫,每年春、秋危害梨树两次,但在秋季的危害程度远低于春季。

4.防治方法

(1)生物防治。梨二叉蚜天敌种类较多,如瓢虫、食蚜蝇、小花蝽、蚜茧蜂、草蛉等。以瓢虫对蚜虫的控制作用最大,瓢虫种类主要有二星瓢虫、龟纹瓢虫、多异瓢虫、异色瓢虫、七星瓢虫等。

(2)药剂防治。于梨树花芽绽开前、越冬卵大部分孵化时,以及梨树展叶期、蚜虫群集于嫩梢叶面尚未造成卷叶时喷药防治。使用的生物药剂有 EB82 灭蚜素,植物源药剂有 0.2%苦参碱乳油 800 倍液、98%烟碱乳油 3000 倍液、0.65%茴蒿素水剂 600 倍液,可选择的化学药剂有 10%吡虫啉可湿性粉剂 2500 倍液、3%啶虫脒乳油 1500 倍液。

五 梨瘿蚊

瘿蚊俗称梨芽蛆,属双翅目瘿蚊科。

1.危害症状

寄主仅有梨。幼虫吸食嫩叶及嫩芽的汁液。叶片受害后,3 天开始出现黄色斑点,接着叶面呈现凹凸不平,严重时叶片向正面纵卷,幼虫在叶筒内取食,叶由绿色变为褐色或黑色,质硬发脆,最后枯萎、提前脱落。

2.形态特征

(1)成虫。成虫似蚊,体暗红色。雄成虫体长 1.2~1.4 毫米,翅展 3.5 毫米,头部小;复眼大,黑色,无单眼;触角念珠状 15 节;前翅显蓝紫色闪光。雌成虫体长 1.4~1.8 毫米,翅展约 4 毫米,触角丝状,长 0.7 毫米。

(2)幼虫。长纺锤形,13 个体节。共 4 龄,1~2 龄幼虫无色透明,3 龄幼虫半透明,4 龄幼虫乳白色,渐变为橘红色。老熟幼虫体长 1.8~2.4 毫米,前胸腹面具“丫”形黄色剑骨片。

(3)卵。长椭圆形,长约 0.28 毫米,宽约 0.07 毫米,初产时淡橘黄色,孵化前为橘红色。

（4）蛹。裸蛹，橘红色，长 1.6~1.8 毫米，蛹外有白色、长 1.95~2.24 毫米的胶质茧。

3.发生规律及习性

梨瘿蚊以老熟幼虫在树冠下 0~6 厘米土壤中及树干翘皮裂缝中越冬，以 2 厘米左右的表土层中居多。3 月中旬越冬代成虫开始出现，早期出现的成虫可能因为梨芽尚未绽开，无处产卵而死亡。越冬代成虫发生盛期在 4 月上旬，第 1 代在 5 月上旬，第 2 代在 6 月上旬。梨瘿蚊成虫羽化时间一般在一天中的 4—17 时，雌成虫多在午前羽化，雄成虫羽化则集中在 5—6 时。雌雄交尾是在上午进行，以 8 时左右居多。雌成虫一般交尾 1 次，少数 2 次。交尾 2 小时后开始产卵，以上午 11—12 时为产卵高峰时间。卵多产在未展开的芽、叶缝隙中，少数产在芽、叶表面，每次产卵数粒至数十粒不等，聚集成块状。第 1 代卵期 4 天，第 2 代卵期 3 天，第 3 代卵期 2 天。幼虫孵化后即钻入芽内危害，吸食幼嫩叶片汁液，使叶片由两边向内卷曲成筒状，幼虫隐藏于筒状叶内继续危害。每片受害叶内藏有幼虫 5~12 条，甚至更多。各代幼虫自孵化至老熟需 11~13 天。幼虫老熟后必须遇降雨、高湿天气才能脱出叶片。脱叶时老熟幼虫先爬出卷叶，弹落到地面或随雨水沿树干下行，潜入适合的翘皮裂缝或到地面入土。老熟幼虫到化蛹场所后第 3 天结茧化蛹，蛹期 20 天左右。降雨与土壤温度对梨瘿蚊的发生有着明显的影响，雨水是老熟幼虫脱叶的必要条件，没有雨水，老熟幼虫既不脱叶也不在卷叶内化蛹。雨量影响梨瘿蚊的发生数量及发生世代数。

4.防治方法

（1）农业防治。冬、春季刮除枝干上的老翘皮，深翻梨园土壤，恶化梨瘿蚊化蛹及越冬环境。春季及时摘除虫叶，降低虫源密度。

（2）化学防治。一是抓住 4 月上旬、5 月上旬成虫羽化盛期及产卵高峰期，选用辛硫磷 1000 倍喷雾防治；二是抓住老熟幼虫借降雨集中脱叶入土化蛹期，选用 52.25%农地乐乳油 2500 倍液，在树冠下地面上喷雾灭杀。

六 梨黄粉蚜

梨黄粉蚜又名黄粉虫，属同翅目瘤蚜科害虫。

1.危害症状

梨黄粉蚜喜群集果实萼洼处危害，随着虫量的增加逐渐蔓延至整个果面。果实表面初受害时，出现黄斑，稍下陷，而后变成黑斑并扩展，萼洼处受害形成龟裂的大斑。受害部位常有鲜黄色粉状物堆积其上，周围有黄褐色晕环，为成虫、卵堆及小若蚜。

2.形态特征

(1)成虫。梨黄粉蚜为多型性蚜虫，有干母、性母、普通型和有性型 4 种。干母、性母和普通型均为雌性，行孤雌卵生，形态相似，体呈倒卵圆形，长 0.7~0.8 毫米，鲜黄色，触角 3 节，足短小，行动困难，无翅，无腹管。有性型雌成虫体长约 0.47 毫米，雄虫体长 0.35 毫米，长椭圆形，鲜黄色，口器退化。

(2)卵。几种类型的卵均为椭圆形，越冬卵即产生干母的卵，长 0.33 毫米，淡黄色、有光泽。产生普通型和性母的卵，长 0.26~0.3 毫米，黄绿色。产生有性型的卵 0.36~0.42 毫米，黄绿色。

(3)若虫。形态与成虫相似，身体较小，淡黄色。

3.发生规律及习性

一年发生 8~10 代，以卵在果台、树皮裂缝和干翘皮下及梨枝干的残附物内越冬。翌春梨树开花期，卵孵化为干母若虫，若虫爬行至翘皮下的幼嫩组织处取食汁液，羽化为成虫后产卵繁殖。随繁殖数量和代数的增加，若虫的取食范围也逐渐扩大。6 月下旬至 7 月上旬开始向果实转移，并集中在果实萼洼处危害，后随虫量增加而逐渐蔓延至整个果面上。8 月中旬危害最为严重，果面上能看见堆状黄粉。8—9 月出现有性蚜，雌雄交尾后转到越冬处产卵越冬。普通型成虫每天最多产卵 10 粒，一生平均产卵 150 粒，性母每天产卵 3 粒。生育期内多代平均卵期 5~6 天，若虫期 7~8 天。成虫寿命除有性型较短外，性母、普通型为 30 天，干母可达 100 天以上。

4.防治方法

(1)农业防治。冬、春季,彻底刮除树上的各种老翘皮、残附物,集中烧毁,消灭越冬虫卵。套袋果实受害较重时,要摘袋防治。

(2)生物防治。积极保护和利用天敌。5 月下旬,大量以小麦穗蚜为食料的天敌转入梨园,此时少喷或不喷广谱性杀虫剂,保护梨黄粉蚜天敌,对控制梨黄粉蚜数量有一定作用。

(3)化学防治。梨芽萌动前,喷 5 波美度石硫合剂。生长期可喷布 10%吡虫啉可湿性粉剂 2500 倍液或 35%赛丹乳油 2500 倍液防治。

七 草履蚧

草履蚧又名草鞋蚧,属同翅目蚧科害虫,主要危害梨、苹果、桃、李等果树。

1.危害症状

雌成虫和若虫刺吸寄主的嫩芽及嫩梢汁液,梨树被害后树势衰弱,发芽迟,叶片黄瘦,严重时造成早期落叶、落果和枝梢枯死后果。

2.形态特征

(1)雌成虫。体长约 10 毫米,鞋底形,无翅,身体黄褐色至赤褐色,体被细毛和白色蜡质,触角、口器和足均为黑色。

(2)雄成虫。体长 4~5 毫米,前翅灰黑色,腹部紫红色,末端有两对根状突起的刺,复眼大,触角 10 节。

(3)卵。椭圆形,极小,初产时为黄白色,渐变为赤褐色,产于白色绵状卵囊内。

(4)若虫。与雌成虫相似,但体小色深。

3.发生规律及习性

一年发生 1 代,以卵或初孵若虫在树干基部土壤中越冬,大部分越冬卵集中在根颈周围 60 厘米半径范围、0~10 厘米深土层中的绵状卵囊里。土层含水量对卵的存活影响很大,在比较干燥的土壤中卵的存活率只有 20%~30%，而在湿润的土壤中卵的存活率可达 70%~80%。当 1—2 月份中午气温升至 4℃以上时，卵即开始孵化出土，气温降至 4℃以下时，已孵化若虫停止上树活动。若虫白天爬到树上吸食嫩枝、幼芽汁液，晚上爬回树皮裂缝处隐蔽群居。一般 5 月中旬为交尾盛期，雄虫交尾后 3 天即死亡。交配后，雌成虫仍继续危害，于 5 月下旬下树钻入树干周围 5~10 厘米深的土缝内，分泌白色绵状物做卵囊，产卵其中越夏、越冬，每个雌成虫产卵 40~60 粒，多的可达 120 粒。

4.防治方法

（1）生物防治。该害虫的主要天敌有黑缘红瓢虫、红环瓢虫、龟敌瓢虫及一些寄生蜂类，尽量避免在天敌发生盛期喷布广谱性杀虫剂。

（2）农业防治。秋、冬季结合挖树盘，施基肥，挖除树干周围的卵囊，集中烧毁。

（3）化学防治。萌芽前，在树干基部一周涂 10~15 厘米宽的毒油带，毒杀上树若虫。毒油配方是废黄油和废机油各半，加热熔化后加入少量的杀虫剂即成。当若虫已经上树，但果树尚未发芽前，喷 5 波美度石硫合剂。生长季节树上喷 20%杀灭菊酯乳油 2500 倍液。

八 巴塘暗斑螟

巴塘暗斑螟属鳞翅目螟蛾科害虫。

1.危害症状

裂果处是早期危害的主要部位，前期仅危害梨果肉组织，果实外表出现干疤，内有较为宽敞的虫室，受害果后期腐烂。老熟幼虫在果皮下结茧化蛹，常伴有虫粪，虫粪可不排出果皮外。但在果实近成熟期从梨果萼洼处蛀入的幼虫，虫粪常排出果实。

2.形态特征

（1）成虫。虫体灰色或灰褐色，长 7~9 毫米，翅展 14~16 毫米，雄虫比雌虫略小；触角丝状，下唇须发达，可至头顶形成弧状；复眼发达；前翅外缘弧状弯曲，布满灰色鳞片；外横线、中横线明显，不平行，均呈波浪状，两横线之间有明显小黑点；近后缘处，外横线及横线里各有一块淡色区，外缘处7个小黑点排成一行；后翅扇形，3对足，翅脉复杂。

（2）幼虫。体长5~12毫米不等，随虫龄不同依次呈现乳白、淡褐、褐色；幼虫爬行进退活动自如、迅速；胸足3对，腹足5对，前胸背板及臀板黄褐色；各节毛细长、稀、色淡。

（3）蛹。蛹长6~7毫米，被薄茧，初蛹浅红色，成蛹茶褐色或棕褐色，雄蛹附肢过第四腹节，雌蛹附肢过第五腹节。

（4）卵。卵产出时为乳白色，逐渐变为粉红色，扁椭圆形，大小为0.8毫米×0.1毫米，表面有螺纹。

3.发生规律及习性

巴塘暗斑螟一年发生4~5代，常年可在梨树枝干老翘皮下、腐烂病干疤下见到幼虫，幼虫啃食枝干嫩皮。果实生长后期转向危害果实，各代成虫羽化盛期比梨小食心虫迟7~10天。卵大多产在梨裂果、病疤或梨果凹陷处。

4.防治方法

（1）农业防治。刮树皮，清理梨园、果窖内、住宅区内的烂果、僵果，并及时深埋处理，减少越冬虫源。生长季节及时摘除虫果、裂果、病果，减少产卵部位。于成虫羽化期在梨园中按每亩放置4~5盆糖醋液诱杀成虫。

（2）化学防治。当田间卵果率达到0.5%~1%时，需进行化学药剂防治。可选择20%杀灭菊酯乳油2500倍液或2.5%高效氯氰菊酯乳油4000倍液等喷布防治。

九 康氏粉蚧

康氏粉蚧又名桑粉蚧、梨粉蚧壳虫，属同翅目粉蚧科害虫。除危害梨外，还可危害苹果、桃、杏、李等果树和蔬菜等多种植物。在梨园中主要危害套袋梨果实，不套袋梨果实受害很轻。

1.危害症状

康氏粉蚧以若虫和雌成虫刺吸梨树幼芽、嫩枝、叶片、果实及根部汁液造成危害，被害处常常发生肿胀。果实受害，会导致畸形，第2、3代基本上只危害梨果实。

2.形态特征

（1）成虫。雌成虫长约5毫米，体略呈椭圆形，淡粉红色，体外有白色蜡质分泌物；无翅，体缘具17对白色蜡刺；触角8节。雄成虫有翅，长约1.1毫米，紫褐色；前翅透明，后翅退化成平衡棍。雌成虫一般产卵于白色絮状卵囊中。

（2）卵。椭圆形，长0.3~0.4毫米，淡黄色，数十粒集中成块，外被白色蜡粉。

（3）若虫。雌若虫分3龄，从2龄开始体背出现蜡粉和蜡刺，3龄虫形态与成虫相似，只是体长略小。

（4）蛹。裸蛹，长1.2毫米，淡紫褐色；茧长椭圆形，长2~2.5毫米，白色絮状。

3.发生规律及习性

一年发生3代，以卵在树体的缝隙中及主干基部的土、石缝中越冬。梨发芽时，越冬卵开始孵化，若虫爬行到幼嫩的枝叶上危害。第1代若虫的盛发期在5月上旬或中旬，是整个生长季节中防治的关键时期。而此时又是梨幼果套袋时期，所以对套袋果实的防治尤为重要。第2代幼虫的盛发期为7月中下旬，第3代盛发期在8月下旬到9月上旬。9月中下旬康氏粉蚧开始羽化交配，每头雌成虫可产卵200~400粒，成虫产卵后死亡，以产下的卵越冬。

4.防治方法

（1）农业防治。一是禁止到已发生康氏粉蚧的疫区调运苗木、接穗，严防害虫传播蔓延；二是结合其他病虫害的防治，冬、春季刮除树上的老翘皮，集中烧毁；三是翻耕树盘土壤，减少越冬虫卵基数。

（2）生物防治。保护利用粉蚧类害虫的天敌，如寄生蜂、瓢虫和草蛉等。

（3）化学防治。梨树发芽前喷洒5波美度石硫合剂或5%轻柴油乳剂

1000 倍液，其他时间选用 2.5%高效氯氰菊酯乳油 3000 倍液或 1%苦参碱可溶性液剂 1000 倍液或 40%速扑杀乳油 1500 倍液等药剂喷布防治。

十 茶翅蝽

茶翅蝽又名臭木蝽象、臭大姐,属半翅目蝽科害虫。主要危害梨,还危害苹果、桃、杏等果树。发生严重年份,果实受害率可达 30%~50%。

1.危害症状

成虫和若虫刺吸叶片、嫩梢和果实汁液。果实被害部位木栓化,石细胞增多,果面凹凸不平,畸形,形成疙瘩梨,不堪食用。

2.形态特征

(1)成虫。体长 15 毫米,宽 8~9 毫米,扁平,略呈椭圆形,茶褐色;口器黑色,较长;前胸背板两侧略突出,背板前方着生 4 个横排褐色小斑,小盾片前缘横列 5 个小黄斑。

(2)若虫。初孵若虫体长约 2 毫米,无翅,白色,腹背有黑斑。虫体渐转为黑色,形似成虫。

(3)卵。短圆筒形,顶平坦,中央稍鼓起,直径 1.2 毫米,周缘环生短小刺毛。初产时乳白色,近孵化期呈黑褐色,多为 28 粒卵排在一起。

3.发生规律及习性

茶翅蝽一年发生 1 代,以成虫在墙缝、石缝、草堆、空房、树洞、房檐下等场所越冬。越冬成虫一般在 3 月中下旬开始出蛰,5 月底前出蛰结束。出蛰后先在附近刺槐、杨树、柳树等树木的粗皮内栖息,随着气温不断升高,逐渐向树上转移,吸食嫩枝汁液,并向四处扩散。5 月初,再迁移到梨树上危害嫩枝、幼叶及果实,逐渐遍及全园。越冬成虫在 5 月中下旬开始交尾产卵,产卵盛期在 5 月底至 6 月中旬。卵多产在叶片背面,卵期的长短与温度关系密切,温度越高,卵期越短,平均 5 天。若虫孵化后,先静伏在卵壳上面或周围,3~5 天后分散危害。若虫期平均 58 天,7 月中旬出现当年成虫,并于 9 月下旬至 10 月上旬陆续飞往越冬场所。梨果受害最严重期是 6 月下旬至 8 月初。

4.防治方法

(1)农业防治。茶翅蝽发生期长而不整齐,药剂防治比较困难,人工捕捉成虫和收集卵块,可收到较好效果。在春季越冬成虫出蛰及成虫越冬时,在房屋门窗缝隙及屋檐下收集成虫。产卵期间,收集卵块或初孵化若虫。

(2)生物防治。椿象黑卵蜂及稻蝽小黑卵蜂对茶翅蝽的卵自然寄生率较高,高者可达 80%以上。因此,可以在早期收集被寄生的卵块,待寄生蜂羽化后放回梨园,以提高对茶翅蝽卵的自然寄生率。

(3)化学防治。每年 6 月中旬至 8 月初,发生茶翅蝽虫害严重的梨园可喷洒 2.5%溴氰菊酯乳油 3000 倍液等防治。

十一 麻皮蝽

麻皮蝽又名黄斑蝽象,属半翅目蝽科害虫。除危害梨、苹果外,还危害杨、柳、榆、桑等,食性杂。

1.危害症状

成虫和若虫危害梨枝及果实,尤以果实受害严重,被害组织停止生长、木栓化,果面凹凸不平,变硬畸形。

2.形态特征

(1)成虫。体长 18~24 毫米,宽 8~11 毫米,体较茶翅蝽大,略呈棕黑色;头较长,先端渐细,单眼与复眼之间有黄白色小点,复眼黑色,触角丝状。前翅上有黄白色小斑点,腹部背面较平、黑色,腹面黄白色。

(2)若虫。长 16~22 毫米,红褐色,触角 4 节,腹背中部有 3 个暗色斑,上部有臭腺孔 1 对。

(3)卵。灰色,鼓形,顶端有盖,周缘有齿。常 12 粒排列成行。

3.发生规律及习性

麻皮蝽一年发生 1 代,以成虫在屋檐下、墙、石缝、草丛、落叶等处越冬。在砀山地区于 3 月下旬开始出蛰,比茶翅蝽略晚,6 月初基本结束。大量出蛰在 5 月初，并开始交尾，5 月中旬始见第 1 代卵，卵多产在叶背，每块卵的粒数多为 12 粒，卵期 6~8 天，较茶翅蝽长。若虫孵化后常群集在卵壳周围，经一段时间后才分散危害，7 月上旬出现当年成虫，危害至 9 月上旬，9 月中旬向越冬场所迁飞。全年危害最重时期为 6 月中旬至 8 月上旬。成虫有假死性，离村庄较近的果园受害重。

4.防治方法

（1）农业防治。春季清扫果园落果，并利用成虫的假死性，振落出蛰成虫。生长季巡查梨园，收集卵块和孵化后未分散的若虫。秋季捕捉成虫。

（2）生物防治。寄生蜂对麻皮蝽卵块自然寄生率可达 30%以上，收集被寄生的卵块放入容器内，待寄生蜂开始羽化后再放入梨园。

（3）药剂防治。6 月上中旬全园喷洒 2.5%高效氟氯氰菊酯 3000 倍液。防治麻皮蝽可结合防治茶翅蝽一同进行。

十二 绿盲蝽

绿盲蝽别名小臭虫、天狗蝇等，属半翅目盲蝽科害虫。

1.危害症状

绿盲蝽以若虫和成虫的刺吸式口器危害梨的幼芽、嫩叶、花蕾及幼果。幼嫩叶芽被害后，被害处形成针头大小的褐色小点，随着叶片的展开，小点逐渐变为不规则的孔洞、裂痕及皱缩，叶色变黄；幼果受害后，有的出现绿色小斑点，生长缓慢，受害处开裂并木栓化，果肉石细胞增多，形成坚硬的小疙瘩，果面颜色稍深，严重影响果实品质。

2.形态特征

（1）成虫。体长 5 毫米，宽 2.2 毫米，卵圆形，黄绿色至浅绿色，密被短毛。头部三角形，复眼、棕红色突出，无单眼。触角 4 节丝状，短于体长，第 2 节长度等于第 3、4 节之和，绿色。前胸背板深绿色，有许多小黑点，前缘宽。前翅基部革质，绿色，上部膜质、半透明、灰色，胸足 3 对，黄绿色。

(2)卵。长约1毫米,长口袋形稍弯曲,黄绿色,卵盖乳黄色,边缘无附属物。

(3)若虫。与成虫相似,体绿色,有黑色细毛,触角淡黄色,足淡绿色。

3.发生规律及习性

一年发生5代,以卵在苜蓿、蚕豆、豌豆和木槿及果树树干的翘皮及浅层土壤中越冬。翌春3月中下旬或4月上旬、平均气温高于10℃、相对湿度高于70%时,越冬卵开始孵化。第1代若虫5月初羽化为成虫,梨树枝条迅速生长时上树危害,5月上旬是危害盛期,5月中旬后,虫口减少。第2代成虫在5月下旬开始出现,发生盛期为6月初,危害嫩枝及幼果,是危害梨树最重的一代。第3代成虫羽化盛期为7月中旬,第4代成虫羽化盛期为8月中旬,第5代成虫羽化盛期为9月下旬。3~5代世代重叠现象严重。梨树叶片老化后,绿盲蝽转移到豆类、玉米、蔬菜等农作物上继续危害。若虫生命30~50天,飞行力极强,白天潜伏,稍受惊吓,迅速爬迁,不易发现。清晨和夜晚趴在叶芽和幼果上刺吸危害。成虫羽化后6~7天开始产卵,非越冬卵多散产在幼嫩组织内,外露黄色卵盖。卵期7~9天,10月上旬产卵越冬。绿盲蝽的发生与气候密切相关,卵在相对湿度65%以上时才能大量孵化。气温20~30℃、相对湿度80%~90%的条件最适合其发生,高温低湿条件下危害较轻。

4.防治方法

(1)农业防治。秋、冬季彻底清除果园杂草,刮树皮。喷3~5波美度石硫合剂,减少越冬卵源。利用成虫的趋光性,挂灭虫灯诱杀成虫。

(2)生物防治。保护其天敌寄生蜂、草蛉、捕食性蜘蛛等。

(3)化学防治。在前2代若虫期喷药防治,关键时期是4月下旬至5月下旬。可选择10%吡虫啉可湿性粉剂2500倍液或1.8%阿维菌素乳油5000倍液等药剂。连片梨园要群防群治,集中时间喷药,喷药时间选择在上午10点以前或下午4点以后进行。

十三 金龟子

金龟子属鞘翅目金龟子科害虫。危害梨的金龟子有十多种,发生普遍及危害较重的主要有苹毛金龟子、铜绿金龟子、白星金龟子和黯黑金龟子等。

1.苹毛金龟子

(1)危害症状。成虫主要危害花蕾、花芽和嫩叶,尤其嗜食花,影响结果。成虫在砀山酥梨开花期群集取食花瓣和柱头,使其残缺不全。危害叶片,使叶片呈缺刻状或全部被食光。幼虫主要在土下危害幼根。

(2)发生规律及习性。苹毛金龟子一年发生 1 代,以成虫在土中 3~5 厘米(最深可达 8 厘米)深处越冬。出土时间多集中在 3 月下旬至 4 月上旬,平均气温在 10℃以上。雨后常有大量成虫出现,成虫白天活动,中午前后气温高时最活跃,夜晚温度低时潜入土中过夜。成虫有假死性,无趋光性。成虫多在中午交尾,产卵于 11~12 厘米深土层中,每头雌成虫可产卵 20~30 粒,卵期 20~30 天。幼虫危害植物的根,幼虫期 60~70 天,8 月底陆续老熟,进入深土层做室化蛹,羽化后不出土,于蛹室内越冬。

2.铜绿金龟子

(1)危害症状。危害症状同苹毛金龟子。

(2)发生规律及习性。一年发生 1 代,以食叶为主,以幼虫在土中越冬。越冬幼虫羽化后出土危害榆、杨、梨叶片及嫩梢。成虫盛发期为 7—8 月,白天多潜伏土中,黄昏出土活动,夜晚暴食梨叶片、嫩梢,有群集危害的习性,而且从周边农田移至果园危害时,先从果园边沿开始,逐步向内危害。成虫有假死性和强烈的趋光性。

3.白星金龟子

(1)危害症状。危害症状同苹毛金龟子。

(2)发生规律及习性。一年发生 1 代,成虫以食果为主。以幼虫在土中越冬,春季化蛹,成虫 7 月份发生较多,每日的高温时活跃。常数头群集啃食幼果,将果实啃食成空洞,致使果实腐烂脱落。对酒醋趋性强,有趋光性和假死性。高温时受惊迅速飞走,低温时受惊假死坠地。

4.黯黑金龟子

(1)危害症状。又名大黑金龟子,以成虫食叶为害。

(2)发生规律及习性。一年或两年1代,以老熟幼虫在土中越冬。越冬成虫5月出土,危害盛期为7—8月份,8月底结束。危害叶片时,在叶片上咬出不规则的缺刻与孔洞。成虫白天多潜伏在土中,黄昏出土活动,黎明前入土潜伏,有趋光性和假死性。

5.金龟子防治方法

(1)农业防治。秋、冬季耕翻树盘土壤,将越冬幼虫及成虫暴露冻死,或将表层越冬幼虫及成虫深翻到底层,使之越冬后不易羽化。利用假死性,在黄昏时振落、捕杀成虫,或进行人工捕捉。利用趋光性,设置灭虫灯或火堆诱杀成虫。

(2)化学防治。成虫发生期可选择20%杀灭菊酯乳油2000倍液等喷布防治。

十四 山楂叶螨

山楂叶螨又名山楂红蜘蛛,属蜱螨目叶螨科害虫。除危害梨外,还危害苹果、杏、梅、李等。

1.危害症状

主要危害叶片,成螨、若螨及幼螨以其刺吸式口器吸食叶组织汁液,使叶片呈现失绿斑点。山楂叶螨常群集在叶背后拉丝结网,于网下取食,严重时叶片变红褐色,引起叶片早落。

2.形态特征

(1)成螨。雌成螨椭圆形,长约0.54毫米,宽0.28毫米,深红色,越冬型雌成螨橘红色,体背前端稍隆起,刚毛基部无瘤状物突起。足4对,淡黄色。雄成螨体长约0.43毫米,从第3对足以后,体逐渐变细,末端尖削。

初蜕皮时为浅黄绿色，后变为绿色，体背两侧有 2 条不规则黑色条纹。

（2）幼螨。足 3 对，初孵时为圆形，黄白色，取食后渐呈浅绿色。

（3）若螨。足 4 对，有前期若螨和后期若螨之分。前期若螨体背开始出现刚毛，两侧露出明显的黑色条纹；后期若螨较前期若螨大，形似成螨，可以区分出雌雄。

（4）卵。圆球形，前期产的卵为橙黄色，随着产卵量的增加，卵色逐渐变淡至黄白色。

3.发生规律及习性

山楂叶螨一年发生 5~9 代，以受精雌成螨在果树主干、主枝、侧枝的老翘皮下、裂缝中或主干周围的土壤缝隙内越冬。果树萌芽期开始出蛰，山楂叶螨第 1 代发生较为整齐，以后各代重叠发生。6—7 月份高温干旱最适宜山楂叶螨的发生，数量急剧上升，形成全年危害高峰期。进入 8 月份，雨量增多，湿度增大，种群数量逐渐减少。一般于 10 月份即进入越冬场所越冬。山楂叶螨发育受温、湿度影响大，在 15.7℃时完成 1 代需 37 天，而在 26℃时完成 3 代仅需 17 天。每年山楂叶螨大量发生期多在麦收之后（6 月中下旬），此时的高温、干旱条件是促使其大量发生的主要因素。长期阴雨天气不利于其发生，暴风雨可迅速降低其种群数量。

4.防治方法

（1）农业防治。冬、春季结合修剪，精刮树皮，集中烧毁，降低越冬代雌成螨基数。

（2）生物防治。捕食山楂叶螨的天敌种类十分丰富，保护利用天敌是控制山楂叶螨危害的有效方法。为保护天敌，一要减少广谱性农药使用量或改变使用方式，在制定防治计划、选择农药时，首先考虑到对天敌的影响；二是改善生态环境，梨树行间种植绿肥，行间覆草，为天敌昆虫提供补充食料和栖息的场所。

（3）化学防治。梨树萌芽前，结合防治其他害虫喷洒 3~5 波美度石硫合剂。在砀山地区，梨谢花后和当地小麦收割前后，可选择 15%哒螨灵乳油 3000 倍液或 1.8%阿维菌素乳油 5000 倍液等药剂喷布防治。

第五节　鸟害防治

目前，在部分产区梨园鸟害较多，对梨果的质量和产量造成一定的影响。为了不对鸟类造成伤害，降低鸟类危害梨果生产，通常采用人工驱鸟、置物驱鸟、驱鸟器驱鸟、驱鸟剂驱鸟、反光带驱鸟、声音驱鸟、架设防鸟网隔离驱鸟等措施，总体来说，目前梨园架设防鸟网隔离驱鸟效果较好。见图 13。

图 13　梨园架设防鸟网

第九章 采收、分级、包装、贮藏和运输

第一节 采　收

采收是果树生产中的重要环节，采收的时间和方法，不仅关系到产量和果实品质，而且对果实贮藏和加工性能也有很大的影响。

一、采前准备

采前 1 个月左右，先做好估产工作，拟定采收、分级、包装、贮藏、运输、销售等一系列计划，准备好采收所需的工具和材料等。

1.园内消毒

用药时期符合农药的安全间隔期，采前应全园喷布 1 次“放心药”，杀死蛀果害虫的虫卵，铲除侵染果实表面或侵入表皮的病菌。采收前，摘除树上的病、虫、残果，捡去地面上的病虫果、脱落果，避免混入商品果中。清洁堆果场所及附近区域，以免果实在存放过程中再次受病虫危害。

2.工具和材料准备

果实采收前，准备好包装材料以及采摘和运输工具。包装材料包括果箱、隔板、包装纸、网套、胶带等；运输工具包括板车、农用三轮车等小型田间运输工具；采收工具包括采果篮、果筐、高梯、采果器等。采果器是采摘树冠顶部果实的工具。

3.场地准备

准备采收时果实堆放的场地，没有选果车间的要搭建临时性预存棚。手工分级选果的应清除棚内杂物，地面铺设无污染、柔软的农作物秸秆或塑料编织布，以防地面碰伤果实；机械分选的应事先设计分界线、工作台及不同级别果实堆放的位置。采取冷库或气调库等机械方式贮藏的，果实入库前应对设备进行全面的调试和库内消毒，确保果实入库后正常工作。

二 采收时期

果实成熟度一般分为可采成熟度、食用成熟度和生理成熟度 3 种。在生产实际中，采收期的确定，往往综合果实的成熟度、市场供需情况、果品用途、运输距离等因素而确定。但果实成熟度是先决条件，过早或过晚采收，都将严重影响果实品质。

1.鲜食果实采收期

达到食用成熟度的果实的形状、色泽、硬度、汁液、可溶性固形物含量及风味等品质特性均已充分体现，果实营养价值最高，风味最好，这时为鲜食用果实的最适采收期。

2.加工果实采收期

根据加工产品种类的要求确定采收期。如制罐用的果实，需在果实硬度达到制罐要求的硬度时采收；制汁用的果实，需在果实充分成熟、果汁含量较高时采收；熬制梨膏用的果实，需在果实含糖量最高时采收。

3.贮藏果实采收期

贮藏用果实的采收适期与鲜食用果实相似或略有提前。过早采收的果实，其品质特性不能充分体现，果皮保护能力弱，水分蒸发快，贮藏过程中果实容易失水、腐烂；过迟采收的果实，果实硬度下降，贮藏性能下降，而且会导致树体养分损失大，来年容易发生大小年现象和减弱树体的越冬能力。

三 判断成熟度的方法

判断果实成熟度的方法很多，生产上不能仅靠某一种方法，必须几种方法结合起来进行综合考虑，才能对成熟度有比较正确的判断。

1.果实发育的天数

可以根据某一个品种的果实发育天数，来推断其成熟期。但是因为不同年份的气候、肥水等的变化，成熟期也有差异。

2.果皮的色泽

目前，生产上大部分采用的都是这种方法。因梨果实在成熟的过程中，果皮色泽都会发生明显的变化。对大部分品种来说，底色由绿转黄，是果实成熟的标志。

3.果肉硬度

果实的成熟度愈高，果肉的硬度愈低，用硬度计测定硬度也可判定果实的成熟情况。

4.果实风味

达到可采成熟期的果实，大小与重量已基本体现，鲜食时果肉质地较硬、风味淡；达到食用成熟度时，果肉味甜汁多、可口；过熟时，果肉软绵，果味转淡，甚至失去鲜食价值。

5.可溶性固形物含量

随着果实成熟度的提高，果肉可溶性固形物的含量亦随之增加。采前的天气情况对果实的可溶性固形物含量有显著的影响，如连续阴雨，可溶性固形物含量变化较小，甚至有降低现象。

四 采收技术

果实采收并不单指将果实从树上摘下来，它是果园管理中的一项技术措施，既影响树势，又影响果实品质和贮藏性能。

1.采摘方法

采摘要保证果实完整无损，并避免折断果枝。采摘时用手握住果实，以食指顶住果柄基部，向一侧轻轻上托，使其从离层处脱离果台。强摘硬拽容易损伤果实，还容易折断果台枝，影响下年产量。采摘容器中果实不要装得过满，以免挤伤果实。

2.分期采收

果实采摘时应按照先外后内、先下后上的顺序采摘。

3.分级采收

采摘果实时，最好根据分级指标，尽量将大小相同、果形相近、色泽基本一致的果实分批采下。

4.剪果柄

果实采下后，剪去果柄。若销售有保留果柄的要求，果实存放时，应尽量避免果柄对果实的伤害。

五 采后预冷

果实从树上采下时，本身温度较高，需要经过预冷过程，才能进行长途运输或贮藏。传统的预冷方法是将采摘下来的果实放在通风冷凉处，让其自然降温。有条件的可以采取水冷和风冷等预冷方法。

第二节 分 级

果品等级标准是销售环节的一个重要工具，是在生产和流通中评定果品质量的共同技术准则和客观依据。分级是使每个等级内的果实在果形、果个等方面保持一致的必要手段。

一 分级标准

1.分级依据

分级包装应建立在科学管理、合理用药、果实农药残留达国家(或地方)标准并且无病虫害及机械伤、果面无锈(或锈斑不超过某一界限值)的基础上。关于分级的标准各地对各品种均有不同的等级划分办法,具体分级时,参照各地或国家标准即可。

2.分级方法

(1)人工分级。主要是根据单果重或果实横径大小进行手工分级。手工分级时,果形、色泽、果面缺陷按等级要求,分类选出,一步到位。

(2)机械分选。现在使用的各种分级机,一般是根据果实的重量、可溶性固形物等品种指标进行选果。

二 质量检验

1.质量检验的方法

果品质量检验的方法分为感官检验法和理化检验法两种。

(1)感官检验法。检验者用口、眼、鼻、耳、手等感官判断果品质量是否符合等级规格要求。

(2)理化检验法。借助仪器设备对果品的某些质量指标如硬度、可溶性固形物和总酸的含量等进行检验。

2.质量检验的内容

果品质量检验的内容包括外观品质、理化指标和卫生指标 3 个方面。

(1)外观品质。外观品质主要包括果形、大小、色泽、成熟度和果面缺陷 5 项指标。

(2)理化指标。理化指标的检验主要有硬度、可溶性固形物含量和含酸量 3 项指标。

(3)卫生检验。果品生产过程中,化学农药、重金属等残留在树体或果实中,按照国家制定的有关水果食用安全标准中规定的有害物质最大残留限量,是卫生检验和管理的依据。

3.果品检验规则

(1)规定要求。各等级不符合单果重规定范围的果实不得超过5%;同一包装件(箱)单果重之间差异不超过50克。抽样数量一般为2%(结果取整数)。

(2)检验结果判别。目前,梨果实检验以感官检验为主,按等级规格的各项要求,对样果进行认真检查,对照标准确定等级。

第三节 包 装

一 包装的作用

包装对果品的运输、宣传、促销以及提高附加值等方面都有重要的作用。

1.保护商品、方便贮运

果品从生产者流通到消费者手中,要经过装、运、交易等过程,良好的包装可减轻果品机械伤、污染程度等,在贮存运输过程中便于装卸、计量。

2.美化产品、促进销售

通过包装,将果品的质量、特色与现代艺术融为一体,不但使产品具有优美的造型、和谐的色彩,而且可以更好地展示果实的内涵,便于消费者选购。

3.增加利润、提高产值

同一等级的果品,经适度、规范地包装后,可降低损耗、提高利润。

二 包装的类型

1.运输包装

运输包装分为单件包装和集合包装 2 种。主要起方便装卸、贮运和销售的作用。目前,世界许多国家对进口果品的运输包装有严格要求,凡不符合规定要求的,需要重新包装,甚至不准进口。

2.销售包装

又称内包装或小包装,它是产品直接与消费者见面时的包装,既要能良好地保护产品,又要美观,便于陈列、展销。

三 包装材料

果品包装的材料很多,有木质、纸质、塑料、竹质等。为减少包装对果实的挤压伤害,包装内常使用一些安全的缓冲材料,如海绵、薄塑料泡沫垫板和纸张、纸条等。

四 包装要求

1.容器要求

用于包装果品的容器必须清洁干燥、牢固美观、无毒、无异味,内无尖突物,外无钉头、尖刺等。

2.重量要求

为方便搬运和装卸,梨果每箱果实净重 10~15 千克较适宜。每一包装件内果实重量误差不得超过±1%。

3.等级要求

每一包装件内应装入产地、等级、组别(果实横径相差不超过 5 毫米或单果重相差不超过 50 克)、成熟度、色泽一致的果实;不得混入腐烂变质、损伤及病虫害果。

4.标记要求

在包装容器同一部位印刷或贴上不易磨掉的文字和标记，标明品名、品种、等级、产地、净重（个数）、包装日期、安全认证标志，字迹清晰，容易辨认。标示内容与产品实际情况须统一。

五 包装方法

1.单果包装

果实分级后要进行逐个包装，贴上小商标或标志，套上发泡网套。

2.单件包装

果箱底部先放入垫板，装果时一定要妥善排列，彼此相互挨紧，不动摇，也不要挤压。每箱定数、分层，整齐排列，用隔板逐层隔开。

第四节 贮藏和运输

一 影响贮藏的因素

1.果实品质

（1）营养状况。避免过多施用氮肥，并根据梨树生长情况，适量喷施微量元素，如钙、镁、锌等，可增强果实耐贮性。

（2）成熟度。采摘过早，在贮藏期间容易失水皱皮；采摘过晚，果肉松软发糠，也缩短贮藏时间。因此，要适时采收。

（3）水分含量。采前果实水分含量过大，果实耐贮性降低。因此，采前梨园不要灌溉。

2.贮藏条件

（1）容积。单位体积贮藏果实量为：窖内装箱贮藏为280~300千克/米^3、沟藏为500~510千克/米^3、冷库贮藏为300千克/米^3。

(2)温度。一般贮藏保鲜温度不低于0℃,不高于5℃。如砀山酥梨适宜的贮藏温度为0~1℃。

(3)湿度。一般保持相对湿度85%~95%。如砀山酥梨贮藏场所的适宜湿度为90%~92%。

(4)气体成分。适当调节窖内的氧气和二氧化碳等气体的浓度,可抑制果实呼吸作用,延长梨果实的贮藏时间。适宜的氧气和二氧化碳浓度分别为2%~3%和3%~5%。适当降低氧气的含量,提高二氧化碳的浓度。

(5)贮藏容器。贮藏用的果箱,应该是条形透气箱,便于呼吸散热。

二 贮藏方法

1.冷库贮藏

(1)冷库贮藏准备。贮藏前对库房进行清扫、消毒、灭鼠工作。果实入库前开机制冷,检查冷库制冷系统性能;测温仪器每个贮季至少校验一次,误差不得大于±0.5℃;库内冷点(即库内空气的最低点)不得低于最佳贮藏温度的下限。待库温降至0℃后,再将经过预冷的果实入库。

(2)温度。梨果实贮藏过程中应保持库温稳定,贮藏期间库温变化幅度不能超过±1℃。入库初期每天至少检测库温和相对湿度一次。库内温度的测定要有代表性,每个库房至少应选3个测温点。

(3)湿度。梨果实皮薄易失水,库内湿度低于适宜湿度时,应采用加湿器或地面洒水等方式及时增加湿度。

(4)通风换气。冷库内二氧化碳较高或有浓郁的果香时,应通风换气,排除过多的二氧化碳和乙烯等气体,一般2~3天通风1次,每次30分钟,选择清晨气温最低时进行,也可在靠近风机的位置(回风处)放置石灰和乙烯脱除剂。

(5)果箱堆放。用纸箱包装的果实的堆码密度为250千克/米^3;用大木箱等包装的堆码密度可比纸箱包装的提高10%~20%,但有效容积贮藏量不得超过300千克/米^3。果箱堆码要牢固、整齐,间隙走向应与库内气流循环方向一致。

2.气调贮藏

气调贮藏简称 CA 贮藏，是在具有特定气体组成的冷藏空间内贮藏果实的一种现代贮藏保鲜方法。影响梨果实气调贮藏的因素有温度、相对湿度、氧气和二氧化碳浓度等。目前，采用气调贮藏梨的较少。

三 运输

梨果装箱运输时要防晒、防雨、轻装和轻卸。采用汽车运输时，要排好果箱，装车高度不得超过 2.5 米。采用火车运输时，以冷藏车、盖车为佳，或用集装箱运输。码垛时，应排紧码成五花垛，以防松动倒塌。

第十章 梨树抗灾减灾技术

第一节 早春低温冻害减灾技术

梨是花期较早的果树，易遭受早春低温冻害，造成子房和柱头受害，不能接受花粉或授粉受精不良，使坐果率降低，发生较多畸形果，影响果品产量和质量。防止冻害的方法及受冻后的补救措施如下。

一 选好园址

不宜在风口、低洼地等易滞留空气的盆地建园。在建园的同时，要同步建立防护林。防护林以乔、灌结合的复合林带为好。

二 浇水、喷水

在地温低于5℃前，灌封冻水，建议全园灌透水一次，或可选择在上午11时至下午18时多次滴灌。梨树结果园，在花芽萌动前后充分灌水1~2次，可以推迟开花2~3天，可以避开晚霜的危害。在霜冻发生时，对梨园进行浇水，可以延缓空气温度下降，提高果园温度，减轻霜冻的损失。也可利用喷雾器不断地向梨树喷水，使树体结冰，以使梨树体温保持在0~1℃，这样的低温不会对花朵造成严重伤害。

三 秋冬季加强梨园栽培管理

及时增施有机基肥。秋季采果后 1 个月内，通常按照每亩施入 1000~1500 千克腐熟饼肥或商品有机肥或施入 2000 千克腐熟农家肥、土杂肥等有机基肥。施肥方法：以沟施、穴施和结合深翻树盘施为主，施肥部位在树冠投影范围内吸收根集中区。每年更换施肥方位，平均 4 年一轮回。

冬季清园。入冬前彻底清除梨园的落果、病果、病枝和枯枝、落叶、枯杂草等，并集中深埋或销毁。

刮树皮、涂白。对于多年生老梨树，落叶后及时刮除树干、主枝（或大枝）上老翘皮，并收集填埋或销毁。刮过树皮后，及时对树干涂白。涂白可采用自配涂白剂或商业涂白剂。自配涂白剂方法：生石灰 5 千克+水 10 千克+石硫合剂原液 1 千克+食盐 0.5 千克+动物油 0.01 千克或黏土 1 千克。见图 14。

图 14 冬季树干涂白

四 早春梨树萌芽前栽培管理

早春病虫害防控。萌芽前全园（树体和地面）喷一次 3~5 波美度石硫合剂。若梨木虱发生严重梨园，选择晴好天气，在上午 10 时后至下午16 时前喷药，药剂可选用 4.5%高效氯氰菊酯乳油 1500 倍液或 2.5%氟氯氰菊酯 2500 倍液。

五 梨园早春冻害发生时管理

喷地下水。在早春发生之前，梨园安装好微喷设施、设备，全园沿树行每间隔 4 米设置一个喷头，喷头距地面 80 厘米高。结合预测预报和气温测定，待早春花期霜冻来临之时（气温下降到 0℃时），利用地下水源，全园启动微喷装置，园区形成水雾，实施喷水增温，见图 15。

图 15　安装微喷设施

熏烟。当梨园夜晚气温下降到 0℃时，全园利用枝条、秸秆等点燃熏烟，每亩 10~12 堆，见图 16。

安装防冻风扇。有条件梨园，每 30~50 亩安装一台大型防霜冻风扇，风扇高度离地面 8~10 米，当梨园气温下降到 0℃时启动风扇吹风，见图17。

图 16　梨园熏烟

图 17　梨园安装大型风扇

六 冻害后管理

在冻害发生之后，要加强果园的管理，花柱和子房未受害的花仍具有坐果能力，第一时间及时喷叶面肥和生长调节剂。叶面肥可选0.2%~0.3%磷酸二氢钾等。生长调节剂可选可氨基寡糖系列、芸苔素内酯等，浓度参照说明使用。对没有发生冻害、正在开放的花，及时进行人工辅助补授粉，提高坐果率，以稳定产量。

第二节　旱灾的抗灾减灾技术

干旱胁迫是果树生产中经常存在的逆境现象，具有发生频率高、分布地域广、延续时间长和危害大的特点，导致果树发生许多生理生化变化，进而影响树体的生长发育。因此，干旱成为限制梨产量和质量的重要因素。

通过对旱情发展规律的研究，对旱情做出适时有效的评价，制定科学的抗旱减灾策略，将干旱造成的损失降到最低程度，对梨树产业的可持续发展具有重要的现实意义。梨树抗旱栽培应当从开源和节流两方面着手，通过节水灌溉工程技术、节水灌溉制度、节水耕作、栽培技术、农业化学防旱剂和抗旱品种选择等干旱防御技术，在充分利用自然降水的基础上，配合节水技术措施，减少土壤表面和树体在产量形成过程中的无效蒸腾，提高有限水资源的整体利用率，保证梨树正常生长，在干旱条件下维持较高的产量和质量。

一 加强旱情预测预报，建立实时科学的旱情评价体系

应用先进的计算机技术、网络技术、信息技术、遥感技术等，根据历史卫星资料、地理信息数据和天气、气候及常年温度、降水和土壤相对湿

度等因子,逐步了解梨树旱灾发生的各种天气、环境因素;跟踪分析旱灾发生、发展、减弱和解除阶段变化态势,基于未来气温和降水预报,建立预警模型,提高干旱预警精度和能力,在此基础上研究旱情的变化规律,提出对可能发生旱情的应对策略,形成抗旱预案。旱情评价是人们对于干旱发展程度的客观认识,根据缺水程度、缺水持续时间及缺水期间树体对水的敏感度等情况进行综合评价,给出全面评价旱情及成灾状况的旱灾综合指数,建立树体不同发育阶段及生命周期内的旱情评价模型,对梨树的抗旱减灾具有实际的指导意义。

二 政府部门增加水利工程建设的投资力度

从长远看,要改变干旱对农业的影响,必须尽快建设一批水利控制性工程,提高水资源的开发利用程度,是缓解旱灾最根本、最有效的办法。水利建设不能仅仅着眼于满足社会眼前的需求,应从流域可持续发展的角度出发,综合减灾、环境、生态、资源开发等多种因素,在重视水资源开发、利用、治理的同时,更加重视水资源的配置、节约和保护,合理规划水利工程建设,从传统水利向现代水利、可持续发展的水利转变。必须建立多渠道的水利建设投资体制,包括争取国家投资、各级财政调整支出结构,进一步加大水利基本建设投资力度;积极扩大水利建设资金的融资范围,利用外资,探索发放水利债券和水利专业公司上市,利用证券市场筹集资金等方法,尽快建成一批水利骨干工程。

三 选择抗旱性强的品种和砧木

抗旱栽培不仅限于梨树在干旱条件下维持其生命,更重要的是能够正常开花结果,取得经济效益。品种和砧木不同,对水分的要求和耐旱能力也不同。所以,应利用现代生物技术与农艺措施,选育和推广种植水分利用效率高的梨树品种,调节和利用品种本身的生理功能和遗传特性,最大限度地提高其水分生产效率,根据降水量、立地条件、土壤条件等,因地制宜地选择品种和砧木,进行梨树合理的区域布局,做到适地适栽。

不同种类的梨树抗旱力表现各异，秋子梨、西洋梨比较抗旱，白梨、砂梨则较差，杜梨是梨树砧木中抗旱性最强的砧木。

四 增强抗旱减灾意识，组织果农开展生产自救

增强抗旱减灾意识，可以在更深层次和更广基础上推动抗旱减灾工作。抗旱减灾需要全社会的共同参与，需要相邻地区之间、有关部门之间的协调和合作。随着旱情持续发展，农民将面临减产，甚至绝产的情况，势必影响全市经济发展和社会稳定。因此，必须从全局和战略高度出发，采取一切措施，扎实开展抗旱救灾指导工作。政府职能部门及果树科研工作者应搞好各项服务工作，真正解决抗旱救灾工作中的问题，及时组织生产自救。在客观已造成干旱的情况下，谋划下步补救措施，做好补植作物的准备，确保及时投入生产，增加收入。

五 实施节水栽培措施

1.合理的栽培技术措施

采取合理的栽培技术对果树的抗旱能力具有重要作用。合理的密植，合理负载，增施有机肥，少施氮肥，适当深施，增强树势，提高果树抗旱能力。

2.果园覆草

利用麦草秸秆长期对果园地表进行覆盖，不仅能保持水土，减少蒸发和径流，培肥地力，调节地温，还可以灭草免耕，是风沙干旱地区果园抗旱栽培的重要措施。

3.穴贮肥水

穴贮肥水、地膜覆盖技术是近年来主要研究推广的水分管理模式，是极端干旱瘠薄果园节约肥水、壮树栽培的有效措施，具有减少水土流失、涵养水源、改良果园小气候、增加效益等优点，现已成为世界上许多国家和地区广泛采用的节水管理模式。

4.使用化学抗旱剂

利用化学抗旱剂可提高果树的抗旱能力。利用新型土壤保墒剂和土壤改良剂，增加土壤保水保肥功能，或以黄腐酸为基质，根据不同生长发育的要求，复配微量元素、微肥、植物生长调节物质及农药，也可将节水抗旱物质和高吸水树脂结合，研制兼具抑制蒸腾和集水功能的复合制剂。

5.改善果园生态环境

充分利用本地区的水资源，提高植被覆盖率，增强调蓄能力，减小蒸发量，改善生态环境是抗御旱灾的根本措施。通过营造防护林等方式，减少风沙侵袭，防御旱涝灾害，为果树生产创造良好的屏障条件，保证果树稳产高产。

6.节水灌溉

利用节水灌溉方法和技术，依然是果树抗旱栽培的有效途径。采用滴灌、微灌、喷灌、涌泉灌等，充分利用有限水量，扩大灌溉面积，可以起到高效节水效果。

第三节　渍涝灾害的抗灾减灾技术

梨树大多栽培于丘陵、山地、河滩沙地，更易受到旱涝逆境胁迫的影响。

一 以防为主

对地下水位较高或地势低洼的梨园，要采用深沟高畦栽培模式，利用梨园围沟、中沟和畦沟，做到沟沟相通，形成防涝体系。对平地果园，要加紧修整和加固排水沟渠系统，保证完善畅通。对山地梨园，要把梨园四周的防护沟修通，加深加固，利用顶部的防护沟作集洪沟，两旁的防护沟作泄洪沟，确保高原梨树安全度汛。

二 及时排水、清淤

1.及时排水

对水淹较轻的果园，雨后要及时疏通渠道，排出果园积水，并将树盘周围1米内的淤泥清理出园，以保持树体正常的呼吸；对水淹严重的果园，要及时进行修剪，减少蒸腾量，并清除果园内的落叶落果；对水淹较重短时间内又不能及时清理淤泥的果园，要在果树行间挖排水沟，以降低地下水位，使果园土壤保持最大程度的通气状态。

2.树体管理

雨后应尽快及时扶正倒伏或倾斜的梨树，并加以固定；外露根系要重新埋入土中，做好培土覆盖；清除树上杂物以及病枯枝叶，洗去叶面、果实上的泥沙。树体有大裂口、裂皮损伤的可用净泥或沙灰填口，再用塑料包扎，小裂口涂抹油脂，保护伤口愈合；若有裂果可根据情况摘除。此外，还需清疏冠内病弱枝、徒长枝、重叠枝、交叉枝等，以利于通风透光，并及时摘除病虫果、烂果。

3.中耕晒土

当土壤干后，应抓紧时间中耕。中耕时要适当增加深度，将土壤混匀，土块捣碎。根据土壤和果树生长的具体情况，中耕1~2次。在表层土壤干后进行翻耕，旱地中耕深度25~30厘米，水地中耕深度20~25厘米。

三 合理追肥

雨水涝灾引起土壤养分严重损失，削弱树势，应及时补肥壮树。先进行叶面追肥，可选用0.3%的尿素溶液、0.2%~0.3%的磷酸二氢钾溶液或将两者混合进行叶面喷施，每隔10天喷1次，连喷2~3次，使梨树树体尽快恢复生长。另外，结合中耕除草追施三元复合肥，视树体大小，一般每株施0.5~1.0千克。

四 病虫害防治

高温阴雨和水淹时间过长，梨园湿度增加，有利于病菌繁殖传播，梨树枝干和根系容易发生多种病虫害，灾后应及时喷高效杀菌剂和杀虫剂，防止病虫害的侵染危害，以保证梨树旺盛生长。

第四节 台风的抗灾减灾技术

为减轻台风给梨生产带来的损失，通过栽培技术创新，促进梨业增效、梨农增收，现将梨栽培技术总结如下。

一 科学建园

在确定园址时，选择地势高燥、土层深厚、土壤肥沃、土质疏松、排灌便利的地块建园。要求在一个种植小区内基本整成一个水平面，针对台风侵袭的路径，以东南—西北向深翻建畦。然后按畦宽 4 米开好畦沟（深 30 厘米、宽 50 厘米），每畦隔 50 米开好腰沟（深 40 厘米、宽 50 厘米），梨园四周开好围沟（深 50 厘米、宽 60 厘米），做到三沟配套，以便排灌。栽植前，按确定密度挖好定植穴（深 40 厘米、宽 50 厘米），每穴施入腐熟有机肥 40~50 千克，覆土整地后待种。同时，按台风路径配置防护林。

二 选择早熟品种

为减轻台风危害的损失，宜选择在 7 月底之前成熟的优良早熟品种，如翠冠、翠绿、清香、新世花、西子绿等。栽植种苗要求品种纯正、生长健壮、主干端直、苗高 80 厘米以上、形带内有 4 个以上健壮芽、根系发达、无病虫、嫁接口愈合较好。由于梨树高度自花不实，在选择主栽品种时必须配足授粉品种，授粉品种与主栽品种配置比例以 1:(2~5)为宜。

三 整形修剪

采用“低、拉、剪、开心”整形修剪技术。一是控制高度，减轻台风危害损失；二是扩大受光面，增加光合物质产量；三是有利于疏花疏果和套袋，提高果实品质。主要整形修剪技术：定植当年将种苗于30厘米左右短截定干，剪口下附近留4~5个健壮芽，待抽生新梢通过横向拉枝把枝条培养成三大主枝，拉枝时间在6月中旬至7月底前进行，使主枝与主干成60°~70°，呈“开心”状，不留中心干。冬季对选留的主枝在50~60厘米处中剪；第2年继续拉枝引缚，冬剪主枝延长枝剪除20%左右。副主枝培养从第2年开始，选留主枝两侧的2~3个新梢为副主枝，采用拉枝引缚，使副主枝与主枝夹角成50°~60°，整个树体的副主枝间方位要避免重叠；对主枝和副主枝上着生的新梢通过“先拉后剪”法培养侧枝，侧枝是梨树的主要结果枝。进入结果期后，一、二、三年生侧枝逐年轮换，树体形成后，树高控制在2米以内。

第五节　雹灾的抗灾减灾技术

冰雹天气是一种强对流灾害性天气，发生时常伴有雷雨、大风，雹、雨、风相互作用，严重危害梨树生长。

结合天气预报，在冰雹多发期加大防雹力度，积极组织人工防雹作业，减轻冰雹灾害发生的强度，在高产优质的果园建设防雹网防御冰雹。及时清理果园内的烂叶、烂果，对受损严重的幼果进行摘除，并全面喷洒杀菌剂。雹灾过后，土壤板结、地温低，叶片受损、光合作用受阻，要适时中耕松土，地面撒施草木灰，及时追肥，以促进果树生长。